Photoshop CS6 / Illustrator CS6 / CorelDRAW X7 / InDesign CS6

标准培训教程

数字艺术教育研究室 编著

人民邮电出版社

北京

图书在版编目（CIP）数据

Photoshop CS6/Illustrator CS6/CorelDRAW X7/InDesign CS6标准培训教程 / 数字艺术教育研究室编著 . -- 北京 : 人民邮电出版社，2019.10（2023.7重印）
ISBN 978-7-115-50342-8

Ⅰ. ①P… Ⅱ. ①数… Ⅲ. ①平面设计－图形软件－教材 Ⅳ. ①TP391.412

中国版本图书馆CIP数据核字(2019)第033181号

内 容 提 要

Photoshop、Illustrator、CorelDRAW 和 InDesign 都是当今流行的图像处理、矢量图形编辑和排版设计软件，被广泛应用于平面设计、包装装潢等诸多领域。

本书根据高职院校教师和学生的实际需求，以平面设计的典型应用为主线，通过多个精彩实用的案例，全面细致地讲解如何利用 Photoshop、Illustrator、CorelDRAW 和 InDesign 来完成专业的平面设计项目，使读者在掌握软件功能和制作技巧的基础上，获得设计灵感，开拓设计思路，提高设计能力。

本书附带学习资源，内容包括书中所有案例的素材及效果文件，读者可通过在线方式获取这些资源，具体方法请参看本书前言。

本书适合作为相关院校和培训机构数字媒体专业课程的教材，也可作为相关人员的参考用书。

◆ 编　　著　数字艺术教育研究室
　　责任编辑　张丹丹
　　责任印制　马振武

◆ 人民邮电出版社出版发行　　北京市丰台区成寿寺路 11 号
　　邮编　100164　电子邮件　315@ptpress.com.cn
　　网址　http://www.ptpress.com.cn
　　北京九州迅驰传媒文化有限公司印刷

◆ 开本：700×1000　1/16
　　印张：14.5　　　　　　　　　　2019 年 10 月第 1 版
　　字数：342 千字　　　　　　　　2023 年 7 月北京第 2 次印刷

定价：59.80 元

读者服务热线：(010)81055410　印装质量热线：(010)81055316
反盗版热线：(010)81055315
广告经营许可证：京东市监广登字 20170147 号

前　言

Photoshop、Illustrator、CorelDRAW和InDesign自推出之日起就深受平面设计人员的喜爱，是当今流行的图像处理、矢量图形编辑和排版设计软件，被广泛应用于平面设计、包装装潢等诸多领域。在实际的平面设计和制作工作中，是很少用单一软件来完成工作的，要想出色地完成一件平面设计作品，需利用不同软件的优势，再将其巧妙地结合使用。

本书根据高职院校教师和学生的实际需求，以平面设计的典型应用为主线，通过多个精彩实用的案例，全面细致地讲解如何利用这4个软件来完成专业的平面设计项目。

本书共分为10章，分别详细讲解了平面设计的基础知识、设计软件的基础知识、卡片设计、广告设计、包装设计、淘宝网店设计、宣传册设计、杂志设计、书籍装帧设计和VI设计。

本书通过多个精彩实用的案例详细地讲解了运用上述4个软件完成平面设计项目的流程和技法，并在此过程中融入实践经验以及相关知识，使读者在掌握软件功能和制作技巧的基础上，获得设计灵感，开拓设计思路，提高设计能力。

本书附带学习资源，内容包括书中所有案例的素材及效果文件。读者在学完本书内容以后，可以调用这些资源进行深入练习。这些学习资源文件均可在线获取，扫描"资源获取"二维码，关注我们的微信公众号，即可得到资源文件获取方式。另外，购买本书作为授课教材的教师也可以通过该方式获得教师专享资源，其中包括教学大纲、教案、PPT课件，以及课堂案例和课后习题的教学视频等相关教学资源包。如需资源获取技术支持，请致函szys@ptpress.com.cn。同时，读者可以扫描"在线视频"二维码观看本书所有案例视频。本书的参考学时为68学时，其中实训环节为32学时，各章的参考学时请参见下面的学时分配表。

资源获取

在线视频

章　序	课程内容	学时分配	
		讲　授	实　训
第1章	平面设计的基础知识	1	
第2章	设计软件的基础知识	3	
第3章	卡片设计	2	2
第4章	广告设计	2	2
第5章	包装设计	4	4
第6章	淘宝网店设计	4	4
第7章	宣传册设计	3	3
第8章	杂志设计	6	6

章 序	课程内容	学时分配	
		讲 授	实 训
第9章	书籍装帧设计	5	5
第10章	VI设计	6	6
学时总计		36	32

由于时间仓促，编者水平有限，书中难免存在疏漏和不妥之处，敬请广大读者批评指正。

编 者

2019年5月

资源与支持

本书由数艺社出品，"数艺社"社区平台（www.shuyishe.com）为您提供后续服务。

学习资源

所有案例的素材、效果文件和在线视频

教师专享资源

教学大纲

电子教案

PPT课件

教学视频

资源获取请扫码

"数艺社"社区平台，

为艺术设计从业者提供专业的教育产品。

与我们联系

我们的联系邮箱是szys@ptpress.com.cn。如果您对本书有任何疑问或建议，请您发邮件给我们，并请在邮件标题中注明本书书名及ISBN，以便我们更高效地做出反馈。

如果您有兴趣出版图书、录制教学课程，或者参与技术审校等工作，可以发邮件给我们；有意出版图书的作者也可以到"数艺社"社区平台在线投稿（直接访问 www.shuyishe.com 即可）。如果学校、培训机构或企业想批量购买本书或数艺社出版的其他图书，也可以发邮件联系我们。

如果您在网上发现针对数艺社出品图书的各种形式的盗版行为，包括对图书全部或部分内容的非授权传播，请您将怀疑有侵权行为的链接通过邮件发给我们。您的这一举动是对作者权益的保护，也是我们持续为您提供有价值的内容的动力之源。

关于数艺社

人民邮电出版社有限公司旗下品牌"数艺社"，专注于专业艺术设计类图书出版，为艺术设计从业者提供专业的图书、U书、课程等教育产品。出版领域涉及平面、三维、影视、摄影与后期等数字艺术门类，字体设计、品牌设计、色彩设计等设计理论与应用门类，UI设计、电商设计、新媒体设计、游戏设计、交互设计、原型设计等互联网设计门类，环艺设计手绘、插画设计手绘、工业设计手绘等设计手绘门类。更多服务请访问"数艺社"社区平台www.shuyishe.com。我们将提供及时、准确、专业的学习服务。

目　录

第 *1* 章

平面设计的基础知识

本章介绍

　　本章主要介绍平面设计的基础知识，包括平面设计的专业理论知识、平面设计的行业制作规范及平面设计的软件应用知识和技巧等内容。作为一个平面设计师，只有对平面设计的基础知识有了全面的了解和掌握，才能更好地完成平面设计的创意和设计制作任务。

学习目标

◆ 了解平面设计的基本概念和项目分类。

◆ 掌握平面设计的基本要素和常用尺寸。

◆ 掌握平面设计软件的应用和工作流程。

技能目标

◆ 掌握平面设计的常用尺寸。

◆ 掌握平面设计软件的应用。

◆ 掌握平面设计的工作流程。

1.1 平面设计的基本概念

1922年，美国的威廉·阿迪逊·德威金斯提出并使用了"平面设计（Graphic Design）"一词。20世纪70年代，设计艺术得到了充分的发展，"平面设计"成为国际设计界认可的术语。

平面设计是一个包含经济学、信息学、心理学和设计学等领域的创造性视觉艺术学科。它通过二维空间进行表现，并通过图形、文字、色彩等元素的编排和设计来进行视觉沟通和信息传达。平面设计作品由平面设计师利用专业知识和技术来完成，主要用于印刷或界面的平面显示。

1.2 平面设计的项目分类

目前，常见的平面设计项目可以归纳为七大类，分别是广告设计、书籍设计、刊物设计、包装设计、网页设计、标志设计、VI设计。

1.2.1 广告设计

现代社会中，信息传递的速度日益加快，传播方式多种多样。广告凭借着信息媒介的传递，高频率地出现在人们的日常生活中，已成为社会生活中不可缺少的一部分。与此同时，广告艺术也凭借着异彩纷呈的表现形式、丰富多彩的内容信息以及快捷便利的传播条件，强有力地冲击着人们的视听神经。

通俗意义上讲，广告即广而告之。不仅如此，广告还包含两方面的含义：从广义上讲是指向公众通知某一件事并达到广而告之的目的；从狭义上讲，广告主要指营利性的广告，即为了某种特定的需要，通过一定形式的媒介，耗费一定的费用，公开而广泛地向公众传递某种信息并从中获利的宣传手段。

广告设计是指通过图像、文字、色彩、版面、图形等视觉元素，结合广告媒体的使用特征构成的艺术表现形式，实现和传达广告的艺术创意设计。

平面广告主要包括DM直邮广告、POP广告、杂志广告、报纸广告、招贴广告、网络广告和户外广告等。广告设计的效果如图1-1所示。

图1-1

1.2.2 书籍设计

书籍是人类交流思想、传播知识、宣传经验、积累文化的重要媒介。

书籍设计又称书籍装帧设计，是指对书籍的

整体策划及造型设计，属平面设计范畴。策划和设计过程包含了印前、印中，以及印后对书的形态与传达效果的分析。书籍设计的内容很多，包括开本、封面、扉页、字体、版面、插图、护封的艺术设计，还包括纸张、印刷、装订和材料等工艺的选择。

关于书籍的分类，有许多种方法，标准不同，分类也就不同。一般而言，我们按书籍的内容涉及的范围来分类，可分为文学艺术类、少儿动漫类、生活休闲类、人文科学类、科学技术类、经营管理类、医疗教育类等。不同类型的书籍，其设计效果也不同。书籍设计的效果如图1-2所示。

图1-2

1.2.3　刊物设计

作为定期出版物，刊物是指经过装订、带有封面的期刊，同时也是大众类印刷媒体之一。早期的期刊与报纸并无太大区别，随着科技发展和生活水平的不断提高，期刊开始与报纸越来越不一样，其内容也更加偏重专题、质量、深度，而非时效性。

期刊可用于进行专业性较强的行业信息交流等，它的读者群体有特定性和固定性。正是由于这种特点，期刊内容的读者定位相对比较精准。同时，由于期刊大多为月刊和半月刊，注重内容质量的打造，所以比报纸的保存时间要长很多。

在设计期刊时，主要参照其样本和开本进行版面划分，设计的艺术风格、设计元素和设计色彩都要和刊物本身的定位相呼应。由于期刊一般会选用质量较好的纸张进行印刷，所以它的图片印刷质量高、细腻光滑，画面图像的印刷工艺精美、还原效果好、视觉形象清晰。

期刊类媒体分为消费者期刊、专业性期刊、行业性期刊等不同类别，具体包括财经期刊、IT期刊、动漫期刊、家居期刊、健康期刊、教育期刊、旅游期刊、美食期刊、汽车期刊、人物期刊、时尚期刊、数码期刊等。刊物设计的效果如图1-3所示。

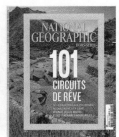

图1-3

1.2.4　包装设计

包装设计是艺术设计与科学技术相结合的设计，是技术、艺术、设计、材料、经济、管理、心理、市场等多功能综合要素的体现，是多学科融会贯通的一门综合学科。

包装设计的广义概念是指包装的整体策划工程，其主要内容包括包装方法的设计、包装材料的设计、视觉传达设计、包装机械的设计与应用、包装试验、包装成本的设计及包装的管理等。

　　包装设计的狭义概念是指选用适合商品的包装材料，运用巧妙的制造工艺手段，为商品进行的容器结构功能化设计和形象化视觉造型设计，使之具有整合容纳、保护产品、方便储运、优化形象、传达属性和促进销售的功效。

　　包装设计按商品内容分类，可以分为日用品包装、食品包装、烟酒包装、化妆品包装、医药包装、文体包装、工艺品包装、化学品包装、五金家电包装、纺织品包装、儿童玩具包装、土特产包装等。包装设计的效果如图1-4所示。

图1-4

1.2.5　网页设计

　　网页设计是指根据网站所要表达的主旨，将网站信息进行整合归纳后，进行的版面编排和美化设计。通过网页设计，可以让网页信息更有条理，页面更具有美感，从而提高网页的信息传达和阅读效率。网页设计者要掌握平面设计的基础理论和设计技巧，掌握网页配色、网站风格、网页制作技术等网页设计知识，创造出符合项目设计需求的艺术化和人性化的网页。

　　根据网页的不同属性，可将网页分为商业性网页、综合性网页、娱乐性网页、文化性网页、行业性网页、区域性网页等类型。网页设计的效果如图1-5所示。

图1-5

1.2.6 标志设计

标志是具有象征意义的视觉符号，它借助图形和文字的巧妙设计组合，传递出某种信息，表达某种特殊的含义。标志设计是指将具体的事物和抽象的精神通过特定的图形和符号固定下来，使人们在看到标志设计的同时，自然地产生联想，从而对企业产生认同。对于一个企业而言，标志渗透到了企业运营的各个环节，如日常经营活动、广告宣传、对外交流、文化建设等。作为企业的无形资产，它的价值会随同企业的增值不断累积。

标志按功能分类，可以分为政府标志、机构标志、城市标志、商业标志、纪念标志、文化标志、环境标志、交通标志等。标志设计的效果如图1-6所示。

图1-6

1.2.7 VI设计

VI（Visual Identity）即企业视觉识别，是指以建立企业的理念识别为基础，将企业理念、企业使命、企业价值观经营概念变为静态的具体识别符号，并进行具体化、视觉化的传播；具体是指通过各种媒体将企业形象广告、标志、产品包装等有计划地传递给社会公众，树立企业整体统一的识别形象。

VI具有传播力和感染力，容易被公众所接受。社会公众可以一目了然地掌握企业的信息，产生认同感，进而达到企业品牌建设的目的。优秀的VI设计能在一定程度上帮助企业及产品在市场中获得较强的竞争力。

VI主要由两大部分组成，即基础识别部分和应用识别部分。其中，基础识别部分主要包括企业标志设计、标准字体与印刷专用字体设计、色彩系统设计、辅助图形、品牌角色（吉祥物）等，应用识别部分包括办公系统、标识系统、广告系统、旗帜系统、服饰系统、交通系统、展示系统等。VI设计效果如图1-7所示。

图1-7

平面设计作品的基本要素主要包括图形、文字及色彩，这3个要素的组合组成了一组完整的平面设计作品。每个要素在平面设计作品中都起着举足轻重的作用，3个要素之间的相互影响和各种不同变化都会使平面设计作品产生更加丰富的视觉效果。

1.3.1 图形

通常，人们在阅读一幅平面设计作品的时候，首先注意到的是图片，其次是标题，最后才是正文。如果说标题和正文作为符号化的文字受地域和语言背景限制的话，那么图形信息的传递则不受国家、民族、种族语言的限制，它是一种通行于世界的语言，具有广泛的传播性。因此，图形创意策划的选择直接关系到平面设计作品的成败。图形设计可以直观地体现设计内容，表现作品的主题和内涵，效果如图1-8所示。

图1-8

1.3.2 文字

文字是基本的信息传递符号。在平面设计工作中，相对于图形而言，文字是体现内容传播

功能较为直接的形式，对文字的设计安排相当重要。在平面设计作品中，文字的字体造型和构图编排恰当与否都直接影响到作品的效果和视觉表现力。文字的平面设计效果如图1-9所示。

图1-9

1.3.3 色彩

平面设计作品给人的整体感受取决于作品画面的整体色彩。色彩作为平面设计组成的重要因素之一，色彩的色调与搭配受宣传主题、企业形象、推广地域等因素的共同影响。因此，在平面设计中要考虑消费者对颜色的一些固定心理感受以及相关的地域文化。色彩的平面设计效果如图1-10所示。

图1-10

1.4 ▶ 平面设计的常用尺寸

在设计制作作品之前，平面设计师一定要了解并掌握印刷常用纸张开数和常见开本尺寸，还要熟悉常用的平面设计作品尺寸。相关内容请参见表1-1~表1-4。

表1-1 印刷常用纸张开数

正度纸张：787 mm×1092 mm		大度纸张：889 mm×1194 mm	
开数（正）	尺寸单位（mm）	开数（大）	尺寸单位（mm）
全开	781×1086	全开	844×1162
2开	530×760	2开	581×844
3开	362×781	3开	387×844
4开	390×543	4开	422×581
6开	362×390	6开	387×422
8开	271×390	8开	290×422
16开	195×271	16开	211×290
32开	135×195	32开	211×145
64开	97×135	64开	105×145

表1-2 印刷常见开本尺寸

正度开本：787 mm×1092 mm		大度开本：889 mm×1194 mm	
开数（正）	尺寸单位（mm）	开数（大）	尺寸单位（mm）
2开	520×740	2开	570×840
4开	370×520	4开	420×570
8开	260×370	8开	285×420
16开	185×260	16开	210×285
32开	130×185	32开	142×220
64开	92×130	64开	110×142

表1-3　名片设计的常用尺寸

类别	方角（mm）	圆角（mm）
横版	90×55	85×54
竖版	50×90	54×85
方版	90×90	90×95

表1-4　其他常用的设计尺寸

类别	标准尺寸（mm）	4开（mm）	8开（mm）	16开（mm）
招贴画	540×380			
普通宣传册				210×285
三折页广告				210×285
手提袋	400×285×80			
文件封套	220×305			
信纸、便条	185×260			210×285
挂旗		540×380	376×265	
IC卡	85×54			

1.5 平面设计软件的应用

　　目前，在平面设计工作中，经常使用的主流软件有Photoshop、Illustrator、CorelDRAW和InDesign，这4款软件每一款都有鲜明的功能特色。要想根据创意制作出完美的平面设计作品，就需要熟练使用这4款软件，并能很好地利用不同软件的优势，巧妙地结合使用。

1.5.1　Adobe Photoshop

　　Photoshop是Adobe公司出品的图像处理软件之一，是集编辑修饰、制作处理、创意编排、图像输入与输出于一体的图形图像处理软件，深受平面设计人员、电脑艺术和摄影爱好者的喜爱。随着Photoshop软件版本的升级，其功能不断完善，已经成为非常流行的图像处理软件。Photoshop软件启动界面如图1-11所示。

　　Photoshop的主要功能包括绘制和编辑选区、绘制和修饰图像、绘制图形及路径、调整图像的色彩和色调、图层的应用、文字的使用、通道和蒙版的使用、滤镜及动作的应用。这些功能可以全面地辅助平面设计作品的创意

与制作。

图1-11

Photoshop适合完成的平面设计任务有图像抠像、图像调色、图像特效、文字特效、插图设计等。

1.5.2　Adobe Illustrator

Illustrator是Adobe公司推出的集出版、多媒体和在线图像于一体的工业标准矢量插画软件。Adobe Illustrator的应用人群主要包括印刷出版线稿的设计者和专业插画家、多媒体图像的艺术家和互联网页或在线内容的制作者。Illustrator软件启动界面如图1-12所示。

图1-12

Illustrator的主要功能包括图形的绘制和编辑、路径的绘制和编辑、图像对象的组织、颜色填充与描边编辑、文本的编辑、图表的编辑、图层和蒙版的使用、使用混合与封套效果、滤镜效果的使用、样式外观与效果的使用。这些功能可以全面地辅助平面设计作品的创意与制作。

Illustrator适合完成的平面设计任务包括插图设计、标志设计、字体设计、图表设计、单页设计排版、折页设计排版等。

1.5.3　CorelDRAW

CorelDRAW是由Corel公司开发的集矢量图形设计、印刷排版、文字编辑处理和图形输出于一体的平面设计软件，它是丰富的创作力与强大功能的完美结合，深受平面设计师、插画师和版式编排人员的喜爱。CorelDRAW软件启动界面如图1-13所示。

图1-13

CorelDRAW的主要功能包括绘制和编辑图形、绘制和编辑曲线、编辑轮廓线与填充颜色、排列和组合对象、编辑文本、编辑位图和应用特殊效果。这些功能可以全面地辅助平面设计作品的创意与制作。

CorelDRAW适合完成的平面设计任务包括标志设计、图表设计、模型绘制、插图设计、单页设计排版、折页设计排版、分色输出等。

1.5.4　Adobe InDesign

InDesign是由Adobe公司开发的专业排版设计软件，是专业出版方案的新平台。它功能强大、易学易用，能使读者通过内置的创意工具和精确的排版控制为打印或数字出版物设计出极具吸引力的页面版式，深受版式编排人员和平面设计师的喜爱，已经成为图文排版领域非常流行的软件。InDesign软件启动界面如图1-14所示。

图1-14

InDesign的主要功能包括绘制和编辑图形对象、路径的绘制与编辑、编辑描边与填充、编辑文本、处理图像、版式编排、处理表格与图层、页面编排、编辑书籍和目录。这些功能可以全面地辅助平面设计作品的创意与排版制作。

InDesign适合完成的平面设计任务包括图表设计、单页排版、折页排版、广告设计、报纸设计、杂志设计、书籍设计等。

1.6　平面设计的工作流程

平面设计的工作流程是一个有明确目标、有正确理念、有负责态度、有周密计划、有清晰步骤、有具体方法的工作过程，好的设计作品都是在完美的工作流程中产生的。

1.6.1　信息交流

客户提出设计项目的构想和工作要求，并提供项目相关文本和图片资料，包括公司介绍、项目描述、基本要求等。

1.6.2　调研分析

根据客户提出的设计构想和要求，设计师运用客户的相关文本和图片资料，对客户的设计需求进行分析，并对客户同行业或同类型的设计产品进行市场调研。

1.6.3　草稿讨论

根据已经做好的分析和调研，设计师组织设计团队，依据创意构想设计出项目的创意草稿并制作出样稿。拜访客户，双方就设计的草稿内容进行沟通讨论；就双方的设想，根据需要补充相关资料，达成设计构想上的共识。

1.6.4　签订合同

在双方就设计草稿达成共识后，双方确认设计的具体细节、设计报价和完成时间，签订《设计协议书》，客户支付项目预付款，设计工作正式展开。

1.6.5　提案讨论

设计师团队根据前期的市场调研和客户需求，结合双方草稿讨论的意见，开始设计方案的策划、设计和制作工作。设计师一般要完成3个设计方案，提交给客户选择，并与客户开会讨论提案，客户根据提案作品，提出修改建议。

1.6.6　修改完善

根据提案会议的讨论内容和修改意见，设计师团队对客户基本满意的方案进行修改调整，进一步完善整体设计，并提交给客户进行确认，等客户再次反馈意见后，设计师对客户提出的细节修改进行更细致的调整，使方案顺利完成。

1.6.7　验收完成

设计项目完成后，设计师和客户一起对完成的设计项目进行验收，并由客户在设计合格确认书上签字。客户按协议书规定支付项目设计余款，设计方将项目制作文件提交给客户，整个项目执行完成。

1.6.8　后期制作

设计项目完成后，客户可能需要设计方进行设计项目的印刷包装等后期制作工作，如果设计方承接了后期制作工作，需要和客户签订详细的后期制作合同，并执行好后期的制作工作，给客户提供满意的印刷和包装成品。

第 2 章

设计软件的基础知识

本章介绍

　　本章主要介绍设计软件的基础知识，包括位图和矢量图、分辨率、色彩模式、文件格式、页面设置、图片大小、出血、文字转换、印前检查和小样等内容。通过对本章的学习，读者可以快速掌握设计软件的基础知识和操作技巧，从而更好地完成平面设计作品的创意设计与制作。

学习目标

◆ 了解位图、矢量图、分辨率和色彩模式。

◆ 掌握常用的图像文件格式。

◆ 掌握图像的页面、大小、出血等设置。

技能目标

◆ 掌握文字的转换方法。

◆ 掌握印前的常规检查。

◆ 掌握电子文件的导出方法。

2.1 位图和矢量图

图像文件可以分为两大类：位图图像和矢量图形。在处理图像或绘图的过程中，这两种类型的图像可以相互交叉使用。

2.1.1 位图

位图图像也称为点阵图像，由许多单独的小方块组成，这些小方块又称为像素。每个像素都有其特定的位置和颜色值，位图图像的显示效果与像素是紧密联系在一起的，不同排列和着色的像素在一起组成了一幅色彩丰富的图像。像素越多，图像的分辨率越高，相应地，图像的文件也会越大。

图像的原始效果如图2-1所示。使用放大工具放大后，可以清晰地看到像素的小方块形状与不同的颜色，效果如图2-2所示。

 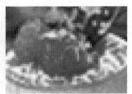

图2-1　　　　　　　　　　图2-2

位图与分辨率有关，如果在屏幕上以较大的倍数放大显示图像，或以低于创建时的分辨率打印图像，图像就会出现锯齿状的边缘，并且会丢失细节。

2.1.2 矢量图

矢量图也称为向量图，它基于图形的几何特性来描述图像。矢量图中的各种图形元素称为对象，每一个对象都是独立的个体，都具有大小、颜色、形状、轮廓等特性。

矢量图与分辨率无关，将矢量图缩放到任意大小，其清晰度不变，也不会出现锯齿状的边缘。在任何分辨率下显示或打印，都不会损失细节。图形的原始效果如图2-3所示。使用放大工具放大后，其清晰度不变，效果如图2-4所示。

图2-3　　　　　　　　　　图2-4

矢量图文件所占的容量较小，但这种图形的缺点是不易制作色调丰富的图像，而且绘制出来的图形无法像位图那样精确地描绘各种绚丽的景象。

2.2 分辨率

分辨率是用于描述图像文件信息的术语，分为图像分辨率、屏幕分辨率和输出分辨率。下面将分别进行讲解。

2.2.1 图像分辨率

在Photoshop中，图像中每单位长度上的像素数目，称为图像的分辨率，其单位为像素/英寸（1英寸=2.54厘米）或像素/厘米。

在相同尺寸的两幅图像中，高分辨率图像包含的像素比低分辨率图像包含的像素多。例如，一幅尺寸为1英寸×1英寸的图像，其分辨率为72像素/英寸，这幅图像包含5 184（72×72=

5 184）像素。同样尺寸、分辨率为300像素/英寸的图像，图像包含90 000像素。相同尺寸下，分辨率为72像素/英寸的图像效果如图2-5所示，分辨率为300像素/英寸的图像效果如图2-6所示。由此可见，在相同尺寸下，高分辨率的图像将能更清晰地表现图像内容。

图2-5　　　　　　　　　图2-6

🔍 提 示

如果一幅图像所包含的像素是固定的，那么增加图像尺寸，就会降低图像的分辨率。

2.2.2　屏幕分辨率

屏幕分辨率是显示器上每单位长度显示的像素数目。屏幕分辨率取决于显示器大小加上其像素设置。PC显示器的分辨率一般约为96像素/英寸，Mac显示器的分辨率一般约为72像素/英寸。在Photoshop中，图像像素被直接转换成显示器像素，当图像分辨率高于显示器分辨率时，屏幕中显示出的图像比实际尺寸大。

2.2.3　输出分辨率

输出分辨率是照排机或打印机等输出设备产生的每英寸的油墨点数（dpi）。打印机的分辨率在720 dpi以上的可以使图像获得比较好的效果。

2.3　色彩模式

Photoshop、Illustrator、CorelDRAW和InDesign提供了多种色彩模式，这些色彩模式正是作品能够在屏幕和印刷品上成功表现的重要保障。这里重点介绍几种经常使用的色彩模式，即CMYK模式、RGB模式、灰度模式及Lab模式。每种色彩模式都有不同的色域，并且各个模式之间可以相互转换。

2.3.1　CMYK模式

CMYK代表了印刷上用的4种油墨颜色：C代表青色，M代表洋红色，Y代表黄色，K代表黑色。CMYK模式在印刷时应用了色彩学中的减法混合原理，即减色色彩模式，它是图片、插图和其他作品中常用的一种印刷方式。这是因为在印刷中通常都要进行四色分色，出四色胶片，然后再进行印刷。

在Photoshop中，CMYK"颜色"控制面板如图2-7所示。在Illustrator中，CMYK"颜色"控制面板如图2-8所示。在CorelDRAW中要通过"编辑填充"对话框选择CMYK模式，如图2-9所示。在InDesign中，CMYK"颜色"控制面板如图2-10所示。在以上这些面板和对话框中可以设置CMYK颜色。

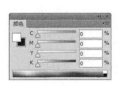

图2-7　　　　　　　　　图2-8

图2-9

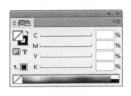

图2-10

🔍 提示

　　在建立新的Photoshop文件时，可以直接选择CMYK四色印刷模式。这种模式的优点是可以防止最后的颜色失真，因为在整个作品的制作过程中，所制作的图像都在可印刷的色域中。

　　在Photoshop中，可以选择"图像 > 模式 > CMYK颜色"命令，将图像转换成CMYK模式。但是一定要注意，当把图像转换为CMYK模式后，就无法再变回原来图像的RGB色彩了。因为RGB的色彩模式在转换成CMYK模式时，色域外的颜色会变暗，这样才有利于文件整个色彩的印刷。因此，在将RGB模式转换成CMYK模式之前，可以选择"视图 > 校样设置 > 工作中的CMYK"命令，预览一下转换成CMYK模式后的图像效果，如果不满意，还可以根据需要对图像进行调整。

2.3.2　RGB模式

　　RGB模式是一种加色模式，它通过红、绿、蓝3种色光相叠加而形成更多的颜色。RGB是色光的彩色模式，一幅24位色彩范围的RGB图像有3个色彩信息通道：红色（R）、绿色（G）和蓝色（B）。在Photoshop中，RGB"颜色"控制面板如图2-11所示。在Illustrator中，RGB"颜色"控制面板如图2-12所示。在CorelDRAW中要通过"编辑填充"对话框选择RGB色彩模式，如图2-13所示。在InDesign中，RGB"颜色"控制面板如图2-14所示。在以上这些面板和对话框中可以设置RGB颜色。

　　每个通道都有8位的色彩信息，即一个0～255的亮度值色域。也就是说，每一种色彩都有256个亮度水平级。3种色彩相叠加，可以有

256×256×256≈1 670万种可能的颜色，足以表现出绚丽多彩的世界。

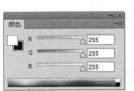

图2-11

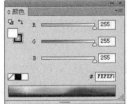

图2-12

图2-13

图2-14

　　在Photoshop中编辑图像时，RGB色彩模式应是最佳的选择。因为它可以提供全屏幕的多达24位的色彩范围，一些计算机领域的色彩专家称之为"True Color（真彩显示）"。

🔍 提示

　　在视频编辑和设计过程中，一般使用RGB模式来编辑和处理图像。

2.3.3　灰度模式

　　灰度模式（灰度图）又称为8bit深度图。每个像素用8个二进制位表示，能产生2^8，即256级灰色调。当一个彩色文件被转换为灰度模式文件时，所有的颜色信息都将从文件中丢失。尽管Photoshop允许将一个灰度文件转换为彩色模式文

件，但不可能将原来的颜色完全还原。所以，当要转换灰度模式时，应先做好图像的备份。

像黑白照片一样，一个灰度模式的图像只有明暗值，没有色相和饱和度这2种颜色信息。0%代表白，100%代表黑，其中的K值用于衡量黑色油墨用量。在Photoshop中，"颜色"控制面板如图2-15所示。在Illustrator中，灰度"颜色"控制面板如图2-16所示。在CorelDRAW中要通过"编辑填充"对话框选择灰度色彩模式，如图2-17所示。在上述这些面板和对话框中可以设置灰度颜色，但在InDesign中没有灰度模式。

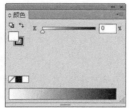

图2-15　　　　　　　　图2-16

图2-17

2.3.4　Lab模式

Lab模式是Photoshop中的一种国际色彩标准模式，它由3个通道组成：一个通道是透明度，即L；其他两个是色彩通道，即色相和饱和度，分别用a和b表示。a通道包括的颜色值从深绿到灰，再到亮粉红色；b通道是从亮蓝色到灰，再到焦黄色。这种色彩混合后将产生明亮的色彩。Lab"颜色"控制面板如图2-18所示。

图2-18

Lab模式在理论上包括人眼可见的所有色彩，它弥补了CMYK模式和RGB模式的不足。在这种模式下，图像的处理速度比在CMYK模式下快数倍，与RGB模式的速度相仿。在把Lab模式转换成CMYK模式的过程中，所有的色彩不会丢失或被替换。

> **提示**
> 在Photoshop中将RGB模式转换成CMYK模式时，可以先将RGB模式转换成Lab模式，然后再从Lab模式转到CMYK模式，这样会减少图片的颜色损失。

2.4　文件格式

当平面设计作品制作完成后，需要进行存储。这时，选择一种合适的文件格式就显得十分重要。在Photoshop、Illustrator、CorelDRAW和InDesign中有20多种文件格式可供选择。在这些文件格式中，既有4个软件的专用格式，也有用于应用程序交换的文件格式，还有一些比较特殊的格式。下面重点讲解7种常用的文件存储格式。

2.4.1　PSD格式

PSD格式是Photoshop软件自身的专用文件格式，能够保存图像数据的细小部分，如图层、蒙版、通道等，以及其他Photoshop对图像进行特殊处理的信息。在没有最终决定图像存储的格式前，最好先以这种格式存储。另外，Photoshop打开和存储这种格式文件的速度较其他格式更快。

2.4.2 AI格式

AI格式是Illustrator软件的专用文件格式。它的兼容度比较高，可以在CorelDRAW中打开，也可以将CDR格式的文件导出为AI格式。

2.4.3 CDR格式

CDR格式是CorelDRAW软件的专用图形文件格式。由于CorelDRAW是矢量图形绘制软件，所以CDR格式可以记录文件的属性、位置、分页等。但它在兼容度上比较差，在所有CorelDRAW应用程序中均能够使用，而在其他图像编辑软件上却无法打开此类文件。

2.4.4 Indd格式和Indb格式

Indd格式是InDesign软件的专用文件格式。由于InDesign是专业的排版软件，所以Indd格式可以记录排版文件的版面编排、文字处理等内容。但它在兼容性上比较差，一般不为其他软件所用。Indb格式是InDesign的书籍格式，它是一个容器，可以把多个Indd文件通过这个容器集合在一起。

2.4.5 TIF（TIFF）格式

TIF也称TIFF，是标签图像格式。TIF格式对于色彩通道图像来说具有很强的可移植性，它可以用于PC、Macintosh和UNIX工作站三大平台，是这三大平台上使用最广泛的绘图格式。

用TIF格式存储时应考虑到文件的大小，因为TIF格式的结构要比其他格式更大、更复杂。但TIF格式支持24个通道，能存储多于4个通道的文件。TIF格式还允许使用Photoshop中的复杂工具和滤镜特效。

> **提 示**
>
> TIF格式非常适合印刷和输出。在Photoshop中编辑处理完成的图片文件一般都会存储为TIF格式，然后导入其他三个平面设计软件中进行编辑处理。

2.4.6 JPEG格式

JPEG（Joint Photographic Experts Group）格式既是Photoshop支持的一种文件格式，也是一种压缩方案。它是Macintosh上常用的一种存储类型。JPEG格式与TIF文件格式采用的LIW无损压缩相比，它的压缩比例更大。但它使用的有损压缩会丢失部分数据。用户可以在存储前选择图像的最好质量，这样就能控制数据的损失程度。

在Photoshop中，有低、中、高和最高4种图像压缩品质可供选择。以高质量保存的图像比其他质量保存的图像占用的磁盘空间更大，而选择低质量保存图像，损失的数据较多，但占用的磁盘空间较少。

2.4.7 PNG格式

PNG格式是用于无损压缩和在Web上显示图像的文件格式，它支持24位图像且能产生无锯齿状边缘的背景透明度，还支持无Alpha通道的RGB、索引颜色、灰度和位图模式的图像。某些Web浏览器不支持PNG图像。

2.5 页面设置

在设计制作平面作品之前，要根据客户的要求在Photoshop、Illustrator、CorelDRAW和InDesign中设置页面文件的尺寸。下面讲解如何根据制作标准或客户要求设置页面文件的尺寸。

2.5.1 在Photoshop中设置页面

选择"文件 > 新建"命令，弹出"新建"对话框，如图2-19所示。在对话框中，"名称"选项后的文本框中可以输入新建图像的文件名；"预设"选项后的下拉列表用于自定义或选择其他固定格式文件的大小；在"宽度"和"高度"选项后的数值框中可以输入需要设置的宽度和高度的数值；在"分辨率"选项后的数值框中可以输入需要设置的分辨率。

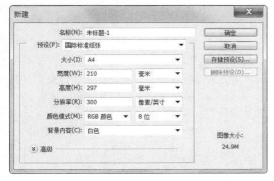

图2-19

图像的宽度和高度可以设定为像素或厘米，单击"宽度"和"高度"选项下拉列表右侧的黑色三角按钮▼，弹出计量单位下拉列表，可以选择计量单位。

"分辨率"选项可以设定每英寸的像素数或每厘米的像素数，一般在进行屏幕练习时，设定为72像素/英寸；在进行平面设计时，设定为输出设备的半调网屏频率的1.5～2倍，一般为300像素/英寸。单击"确定"按钮，新建页面。

2.5.2 在Illustrator中设置页面

选择"文件 > 新建"命令，弹出"新建文档"对话框，如图2-20所示。设置相应的选项后，单击"确定"按钮，即可建立一个新的文档。

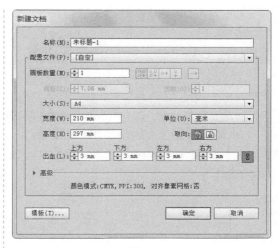

图2-20

"名称"选项： 可以在选项中输入新建文件的名称，默认状态下为"未标题-1"。

"配置文件"选项： 主要是基于所需的输出文件来选择新的文档配置以启动新文档，其中包括"打印""Web""移动设备""视频和胶片""基本CMYK""基本RGB"和"Flash Catalyst"，每种配置都包含大小、颜色模式、单位、方向、透明度以及分辨率的预设值。

"画板数量"选项： 画板表示包含可打印图稿的区域。可以设置画板的数量及排列方式，每个文档可以有1~100个画板。默认状态下为1个画板。

"间距"和"列数"选项： 用于设置画板之间的间距和列数。

"大小"选项： 可以在下拉列表中选择系统预先设置的文件尺寸，也可以在下方的"宽度"和"高度"选项中自定义文件尺寸。

"宽度"和"高度"选项： 用于设置文件的宽度和高度的数值。

"单位"选项： 用于设置文件所采用的单位，默认状态下为"毫米"。

"取向"选项： 用于设置新建页面是竖向排列还是横向排列。

"出血"选项： 用于设置文档中上、下、左、右四方的出血标志的位置。可以设置的最大出血值为72点，最小出血值为0点。

2.5.3　在CorelDRAW中设置页面

在实际工作中，往往要利用像CorelDRAW这样的优秀平面设计软件来完成印前的制作任务，随后才是出胶片、送印厂。因此，这就要求我们在设计制作前设置好作品的尺寸。为了方便广大用户使用，CorelDRAW预设了50多种页面样式供用户选择。

在CorelDRAW文档窗口中，属性栏可以设置纸张的类型大小、纸张的高度和宽度、纸张的放置方向等，如图2-21所示。

图2-21

选择"布局 > 页面设置"命令，可以进行更广泛、更深入的设置。选择"布局 > 页面设置"命令，弹出"选项"对话框，如图2-22所示。

图2-22

在"页面尺寸"的选项框中，除了可对版面纸张的大小、放置方向等进行设置外，还可设置页面出血、分辨率等选项。

2.5.4　在InDesign中设置页面

新建文档是设计制作的第一步，可以根据自己的设计需要新建文档。

选择"文件 > 新建 > 文档"命令，弹出"新建文档"对话框，如图2-23所示。

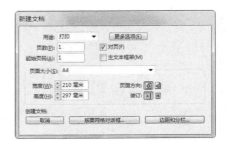

图2-23

"用途"选项：可以根据需要设置文档输出后适用的格式。

"页数"选项：可以根据需要输入文档的总页数。

"对页"复选框：勾选此选项，可以在多页文档中建立左右页，以对页形式显示的版面格式，就是通常所说的对开页。若不勾选此选项，新建文档的页面格式都以单面单页形式显示。

"起始页码"选项：可以设置文档的起始页码。

"主文本框架"复选框：勾选此选项，可以为多页文档创建常规的主页面。InDesign会自动在所有页面加上一个文本框。

"页面大小"选项：可以从选项的下拉列表中选择标准的页面设置，其中有A3、A4、信纸等一系列固定的标准尺寸；也可以在"宽度"和"高度"选项中输入宽度和高度的数值。页面大小代表页面外出血和其他标记被裁掉以后的成品尺寸。

"页面方向"选项：单击"纵向"按钮 或"横向"按钮 ，页面方向会发生纵向或横向的变化。

"装订"选项：有两种装订方式可供选择，即向左翻或向右翻。单击"从左到右"按钮 将按照左边装订的方式装订，单击"从右到左"按钮 将按照右边装订的方式装订。文本横排的版面选择左边装订，文本竖排的版面选择右边装订。

单击"边距和分栏"按钮，弹出"新建边距和分栏"对话框。在对话框中，可以在"边距"设置区中设置页面边空的尺寸，设置完成后，单击"确定"按钮，新建文档。

2.6　图片大小

在完成平面设计任务的过程中，为了更好地编辑图像或图形，设计师经常需要调整图像或者图形的大小。下面将讲解调整图像或图形大小的方法。

2.6.1　在Photoshop中调整图像大小

打开本书学习资源中的"Ch02 > 素材 > 04"文件，如图2-24所示。选择"图像 > 图像大小"命令，弹出"图像大小"对话框，如图2-25所示。

图2-24

图2-25

"像素大小"选项组：以像素为单位来改变宽度和高度的数值，图像的尺寸也相应改变。

"文档大小"选项组：以厘米为单位来改变宽度和高度的数值，以像素/英寸为单位来改变分辨率的数值，图像的文档大小被改变，图像的尺寸也相应改变。

"缩放样式"选项：若对文档中的图层添加了图层样式，勾选此复选框后，可在调整图像大小时自动缩放样式效果。

"约束比例"选项：勾选此复选框，在"宽度"和"高度"选项后出现"锁链"标志，表示改变其中一项设置时，两项会成比例地同时改变。

"重定图像像素"选项：不勾选此复选框，像素大小将不发生变化。"文档大小"选项组中的"宽度""高度"和"分辨率"选项后将出现"锁链"标志。发生改变时这三项会同时改变，如图2-26所示。

图2-26

用鼠标单击"自动"按钮，弹出"自动分辨率"对话框，系统将自动调整图像的分辨率和品质效果；也可以根据需要自主调节图像的分辨率和品质效果，如图2-27所示。

图2-27

在"图像大小"对话框中，也可以改变数值的计量单位，有多种数值的计量单位可以选择，如图2-28所示。

图2-28

在"图像大小"对话框中，改变"文档大小"选项组中宽度的数值，如图2-29所示，图像将变小，效果如图2-30所示。

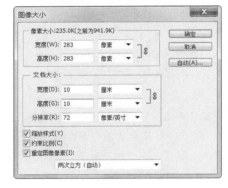

图2-29

图2-30

提示

在设计制作的过程中，一般情况下位图的分辨率保持在300像素/英寸，这样编辑位图的尺寸时可以从大尺寸图调整到小尺寸图，而且没有图像品质的损失。如果从小尺寸图调整到大尺寸图，就会造成图像品质的损失，如图片模糊等。

2.6.2 在Illustrator中调整图形大小

在Illustrator中可以快速而精确地缩放对象，使设计工作变得更轻松。下面将讲解对象的缩放方法。

打开本书学习资源中的"Ch02 > 素材 > 05"文件。选择"选择"工具，选取要缩放的对象，对象的周围出现控制手柄，如图2-31所示，用鼠标拖曳对角线上的控制手柄，如图2-32所示，可以手动缩小或放大对象，松开鼠标后，效果如图2-33所示。

图2-31

图2-32　　　　图2-33

提示

拖曳对角线上的控制手柄时，按住Shift键，对象会成比例缩放；按住Shift+Alt组合键，对象会成比例地从对象中心缩放。

2.6.3 在CorelDRAW中调整图形大小

打开本书学习资源中的"Ch02 > 素材 > 06"文件。选择"选择"工具，选取要缩放的对象，对象的周围出现控制手柄，如图2-34所示。

用鼠标拖曳控制手柄可以缩小或放大对象,如图2-35所示。

图2-34   图2-35

松开鼠标后,对象的周围出现控制手柄,如图2-36所示,这时的属性栏如图2-37所示。在属性栏的"对象大小"选项 ⟦54.476 mm / 66.782 mm⟧ 中根据设计需要调整宽度和高度的数值,如图2-38所示,按Enter键,完成对象的缩放,如图2-39所示。

图2-36

	X: 129.374 mm		65.565 mm	79.4	%
	Y: 102.291 mm		65.667 mm	79.4	%

图2-37

	X: 129.374 mm		75.0 mm	90.8	%
	Y: 102.291 mm		75.117 mm	90.8	%

图2-38

图2-39

2.6.4　在InDesign中调整图形大小

打开本书学习资源中的"Ch02 > 素材 > 07"文件。选择"选择"工具 ▣,选取要缩放的对象,对象的周围出现限位框,如图2-40所示。选择"自由变换"工具 ▣,拖曳对象右上角的控制手柄,如图2-41所示。松开鼠标,对象的缩放效果如图2-42所示。

图2-40   图2-41

图2-42

选择"选择"工具 ▣,选取要缩放的对象,选择"缩放"工具 ▣,对象的中心会出现缩放对象的中心控制点,单击并拖曳中心控制点到适当的位置,如图2-43所示。再拖曳对角线上的控制手柄到适当的位置,如图2-44所示。松开鼠标,对象的缩放效果如图2-45所示。

图2-43

图2-44   图2-45

选择"选择"工具 ▶，选取要缩放的对象，如图2-46所示，"控制"面板如图2-47所示。在"控制"面板中，若单击"约束宽度和高度的比例"按钮 ❖，可以按比例缩放对象的限位框。"变换"面板中选项的设置与"控制"面板中的相同，故这里不再赘述。

图2-46

图2-47

设置需要的数值，如图2-48所示，按Enter键确认操作，效果如图2-49所示。

图2-48

图2-49

2.7 ▶ 出血

印刷装订工艺要求接触到页面边缘的线条、图片或色块，需跨出页面边缘的成品裁切线 3 mm，称为出血。出血是为了防止裁刀裁切到成品尺寸里面的图文或出现白边。下面将以季度卡的制作为例，详细讲解如何在Photoshop、Illustrator、CorelDRAW、InDesign中设置出血。

2.7.1 在Photoshop中设置出血

（1）要求制作的季度卡的成品尺寸是 90 mm×55 mm，如果季度卡有底色或花纹，则需要将底色或花纹跨出页面边缘的成品裁切线 3 mm。因此，在Photoshop中，新建文件的页面尺寸需要设置为96 mm×61 mm。

（2）按Ctrl+N组合键，弹出"新建"对话框，选项的设置如图2-50所示，单击"确定"按钮，效果如图2-51所示。

（3）选择"视图 > 新建参考线"命令，弹出"新建参考线"对话框，设置如图2-52所示，单击"确定"按钮，如图2-53所示。用相同的方法，在5.8 cm处新建一条水平参考线，如图2-54所示。

图2-50

图2-51　　　　　图2-52

图2-53

图2-54

（4）选择"视图 > 新建参考线"命令，弹出"新建参考线"对话框，设置如图2-55所示，单击"确定"按钮，如图2-56所示。用相同的方法，在9.3 cm处新建一条垂直参考线，如图2-57所示。

图2-55

图2-56

图2-57

（5）按Ctrl+O组合键，打开本书学习资源中的"Ch02 > 素材 > 08"文件，效果如图2-58所示。选择"移动"工具，将其拖曳到新建的"未标题-1"文件窗口中，效果如图2-59所示，在"图层"控制面板中生成新的图层并将其命名为"底图"。

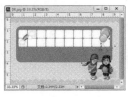
图2-58

图2-59

（6）按Ctrl+E组合键，合并可见图层。按Ctrl+S组合键，弹出"存储为"对话框，将其命名为"季度卡底图"，保存为TIFF格式。单击"保存"按钮，弹出"TIFF选项"对话框，再单击"确定"按钮，将图像保存。

2.7.2 在Illustrator中设置出血

（1）要求制作的季度卡的成品尺寸是90 mm×55 mm，需要设置的出血是3 mm。

（2）按Ctrl+N组合键，弹出"新建文档"对话框，将"宽度"选项设为90 mm，"高度"选项设为55 mm，"出血"选项设为3 mm，如图2-60所示，单击"确定"按钮，效果如图2-61所示。在页面中，实线框为季度卡的成品尺寸90 mm×55 mm，外围红色框为出血尺寸，在红色框和实线框四边之间的空白区域是3 mm的出血设置。

图2-60

图2-61

（3）选择"文件 > 置入"命令，弹出"置入"对话框，选择本书学习资源中的"Ch02 > 效果 > 季度卡底图"文件，单击"置入"按钮，置入图片，单击属性栏中的"嵌入"按钮，嵌入图片，效果如图2-62所示。

（4）选择"文本"工具，在页面中分别输入需要的文字。选择"选择"工具，在属性栏中分别选择合适的字体并设置文字大小，填充相应的颜色，效果如图2-63所示。

图2-62

图2-63

（5）按Ctrl+S组合键，弹出"存储为"对话框，将其命名为"季度卡"，保存为AI格式，单击"保存"按钮，将图像保存。

2.7.3 在CorelDRAW中设置出血

（1）要求制作的季度卡的成品尺寸是90 mm×55 mm，需要设置的出血是3 mm。

（2）按Ctrl+N组合键，新建一个文档。选择"布局 > 页面设置"命令，弹出"选项"对话框，在"文档"设置区的"页面尺寸"选项框中，设置"宽度"选项的数值为90 mm，"高度"选项的数值为55 mm，"出血"选项的数值为3 mm，在设置区中勾选"显示出血区域"复选框，如图2-64所示，单击"确定"按钮，页面效果如图2-65所示。在页面中，实线框为季度卡的成品尺寸90 mm×55 mm，外围虚线框为出血尺寸，在虚线框和实线框四边之间的空白区域是3 mm的出血设置。

图2-64

图2-65

（3）按Ctrl+I组合键，弹出"导入"对话框，打开本书学习资源中的"Ch02 > 效果 > 季度卡底图"文件，单击"导入"按钮。在页面中单击导入图片，按P键，使图片与页面居中对齐，效果如图2-66所示。

（4）选择"文本"工具 字，在页面中分别输入需要的文字。选择"选择"工具 ，在属性栏中分别选择合适的字体并设置文字大小，填充相应的颜色，效果如图2-67所示。选择"视图 > 页 > 出血"命令，将出血线隐藏。

图2-66

图2-67

（5）按Ctrl+S组合键，弹出"保存绘图"对话框，将其命名为"季度卡"，保存为CDR格式，单击"保存"按钮将图像保存。

🔍 提示

导入的图像大于页面边框，所以页边框被图像遮挡在下面，不能显示。

2.7.4 在InDesign中设置出血

（1）要求制作的季度卡的成品尺寸是90 mm×55 mm，需要设置的出血是3 mm。

（2）按Ctrl+N组合键，弹出"新建文档"对话框，单击"更多选项"按钮，将"宽度"选项设为90 mm，"高度"选项设为55 mm，"出血"选项设为3 mm，如图2-68所示。单击"边距和分栏"按钮，弹出"新建边距和分栏"对话框，设置如图2-69所示，单击"确定"按钮，新建页面，如图2-70所示。在页面中，实线框为季度卡的成品尺寸90 mm×55 mm，外围红线框为出血尺寸，在红线框和实线框四边之间的空白区域是3 mm的出血设置。选择"视图 > 其他 > 隐藏框架边缘"命令，将所绘制图形的框架边缘隐藏。

图2-70

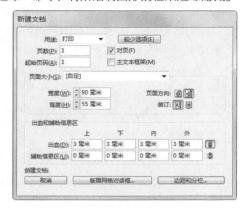

图2-68

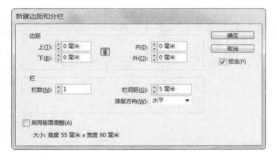

图2-69

（3）按Ctrl+D组合键，弹出"置入"对话框，打开本书学习资源中的"Ch02 > 效果 > 季度卡底图"文件，单击"打开"按钮。在页面中单击置入图片，效果如图2-71所示。选择"文字"工具 T，在页面中拖曳文本框，输入需要的文字，分别将输入的文字选取，在"控制"面板中选择合适的字体并设置文字大小，分别填充相应的颜色，效果如图2-72所示。

图2-71

图2-72

（4）按Ctrl+S组合键，弹出"存储为"对话框，将其命名为"季度卡"，保存为Indd格式，单击"保存"按钮，将图像保存。

<table>
<tr><td>2.8</td><td>文字转换</td></tr>
</table>

在Photoshop、Illustrator、CorelDRAW和InDesign中输入文字时，都需要选择文字的字体。文字的字体文件安装在计算机、打印机或照排机中。字体就是文字的外在形态，当设计师选择的字体与输出中心的字体不匹配，或者根本就没有设计师选择的字体时，出来的胶片上的文字就不是设计师选择的字体，也可能出现乱码。下面将讲解如何在这4个软件中将文字进行转换，以避免出现这样的问题。

2.8.1　在Photoshop中转换文字

打开本书学习资源中的"Ch02 > 效果 > 季度卡底图.tif"文件，选择"横排文字"工具 T，

在页面中分别输入需要的文字，将输入的文字选取，在属性栏中选择合适的字体和文字大小，填充相应的颜色，效果如图2-73所示。在"图层"控制面板中生成新的文字图层。

图2-73

选中需要的文字图层，单击鼠标右键，在弹出的菜单中选择"栅格化文字"命令，如图2-74所示。将文字图层转换为普通图层，就是将文字转换为图像，如图2-75所示。转换为普通图层后，出片文件将不会出现字体的匹配问题。

图2-74　　　　　图2-75

2.8.2　在Illustrator中转换文字

打开本书学习资源中的"Ch02 > 效果 > 季度卡.ai"文件，选中需要的文本，如图2-76所示。

图2-76

选择"文字 > 创建轮廓"命令，或按Shift+Ctrl+O组合键，创建文本轮廓，如图2-77所示。将文本转化为轮廓后，可以对文本进行渐变填充，还可以对文本应用效果，如图2-78所示。

图2-77　　　　　图2-78

2.8.3　在CorelDRAW中转换文字

打开本书学习资源中的"Ch02 > 效果 > 季度卡.cdr"文件，选择"选择"工具，选取需要的文字，如图2-79所示。选择"对象 > 转换为曲线"命令，将文字转换为曲线，如图2-80所示。

图2-79　　　　　图2-80

2.8.4　在InDesign中转换文字

选择"选择"工具，选取需要的文本框，如图2-81所示。选择"文字 > 创建轮廓"命令，或按Ctrl+Shift+O组合键，文本会转化为轮廓，效果如图2-82所示。将文本转化为轮廓后，可以对其进行像图形一样的编辑和操作。

图2-81　　　　　图2-82

2.9 印前检查

2.9.1 在Illustrator中的印前检查

在Illustrator中，用户可以在印刷前对设计制作好的季度卡进行常规的检查。

打开本书学习资源中的"Ch02 > 效果 > 季度卡.ai"文件，效果如图2-83所示。选择"窗口 > 文档信息"命令，弹出"文档信息"面板，如图2-84所示。单击右上方的▼■图标，在弹出的下拉菜单中可查看各个项目，如图2-85所示。

图2-83   图2-84

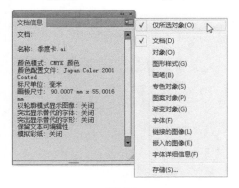

图2-85

在"文档信息"面板中无法反映图片丢失、修改后未更新、有多余的通道或路径的问题。选择"窗口 > 链接"命令，弹出"链接"面板，可以警告丢图或未更新，如图2-86所示。

图2-86

在"文档信息"中发现的不适合出片的字体，如果要改成别的字体，可通过选择"文字 > 查找字体"命令，弹出"查找字体"对话框来操作，如图2-87所示。

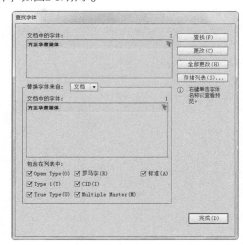

图2-87

提示

在Illustrator中，如果已经将设计作品中的文字转换成轮廓，那么在"查找字体"对话框中将无任何可替换字体。

2.9.2 在CorelDRAW中的印前检查

在CorelDRAW中，可以对设计制作好的季度卡进行印前的常规检查。

打开本书学习资源中的"Ch02 > 效果 > 季度卡.cdr"文件，效果如图2-88所示。选择"文件 > 文档属性"命令，在弹出的对话框中可查看文件、文档、颜色、图形对象、文本统计、位图对象、样式、效果、填充、轮廓等多方面的信息，如图2-89所示。

图2-88

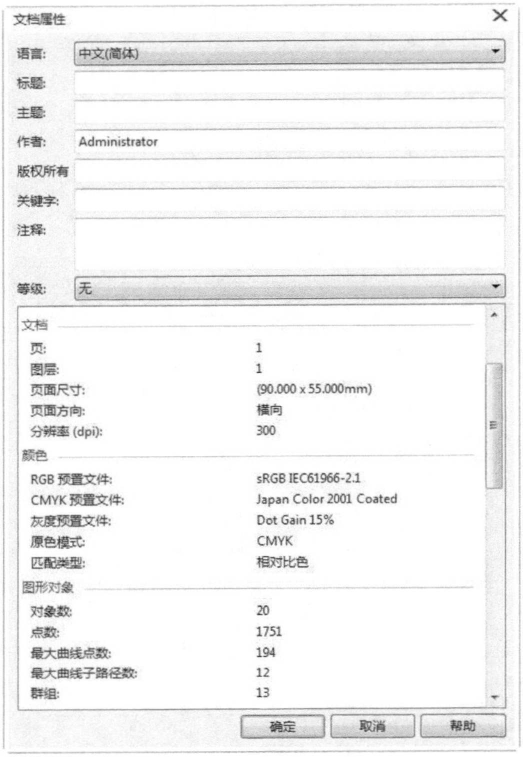

文档属性
语言:
中文(简体)
标题:
主题:
作者:
Administrator
版权所有
关键字:
注释:
等级:
无
文档
页: 1
图层: 1
页面尺寸: (90.000 x 55.000mm)
页面方向: 横向
分辨率 (dpi): 300
颜色
RGB 预置文件: sRGB IEC61966-2.1
CMYK 预置文件: Japan Color 2001 Coated
灰度预置文件: Dot Gain 15%
原色模式: CMYK
匹配类型: 相对比色
图形对象
对象数: 20
点数: 1751
最大曲线点数: 194
最大曲线子路径数: 12
群组: 13
确定
取消
帮助

图2-89

在“文件”信息组中可查看文件的名称和位置、大小、创建和修改日期、属性等信息。

在“文档”信息组中可查看文件的页码、图层、页面大小、方向及分辨率等信息。

在“颜色”信息组中可查看RGB预置文件、CMYK预置文件、灰度的预置文件、原色模式和匹配类型等信息。

在“图形对象”信息组中可查看对象的数目、点数、群组、曲线等信息。

在“文本统计”信息组中可查看文档中的文本对象信息。

在“位图对象”信息组中可查看文档中导入位图的色彩模式、文件大小等信息。

在“样式”信息组中可查看文档中图形的样式等信息。

在“效果”信息组中可查看文档中图形的效果等信息。

在“填充”信息组中可查看未填充、均匀、对象和颜色模型等信息。

在“轮廓”信息组中可查看无轮廓、均匀、按图像大小缩放、对象和颜色模型等信息。

提示

在CorelDRAW中，如果已经将设计作品中的文字转换成曲线，那么在“文本统计”信息组中将显示“文档中无文本对象”信息。

2.9.3 在InDesign中的印前检查

在InDesign中，可以对设计制作好的季度卡进行印前的常规检查。

打开本书学习资源中的“Ch02 > 效果 > 季度卡.indd”文件，如图2-90所示。选择“窗口 > 输出 > 印前检查”命令，弹出“印前检查”面板，如图2-91所示。默认情况下左上方的“开”复选框为勾选状态，若文档中有错误，在“错误”框中会显示错误内容及相关页面，左下角也会亮出红灯显示错误。若文档中没有错误，则左下角显示绿灯。

乐童年淘气堡
季度卡

图2-90

印前检查
开
配置文件: [基本] (工作)
错误
页面
信息
无错误
页数: 全部 1

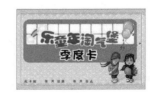

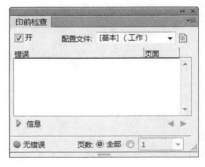

图2-91

2.10 小样

在设计制作完成客户的任务后，可以方便地给客户看设计完成稿的小样。一般给客户观看的作品小样都导出为JPG格式。JPG格式的图像压缩比例大、文件量小，有利于通过电子邮件的方式发给客户观看。下面讲解小样电子文件的导出方法。

2.10.1 在Illustrator中出小样

1. 带出血的小样

（1）打开本书学习资源中的"Ch02 > 效果 > 季度卡.ai"文件，效果如图2-92所示。选择"文件 > 导出"命令，弹出"导出"对话框，将其命名为"季度卡-ai"，导出为JPG格式，如图2-93所示，单击"保存"按钮。弹出"JPEG选项"对话框，选项的设置如图2-94所示，单击"确定"按钮，导出图片。

图2-92

图2-93

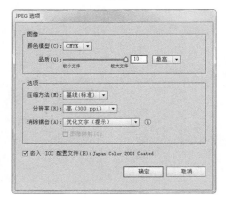

图2-94

（2）导出图片的图标如图2-95所示。可以通过电子邮件的方式把导出的JPG格式小样发给客户观看，客户可以在看图软件中打开观看，效果如图2-96所示。

图2-95

图2-96

2. 成品尺寸的小样

（1）打开本书学习资源中的"Ch02 > 效果 > 季度卡.ai"文件，效果如图2-97所示。选择"选择"工具，按Ctrl+A组合键，全选图形；按Ctrl+G组合键，将其群组，效果如图2-98所示。

图2-97

图2-98

（2）选择"矩形"工具，绘制一个与页面大小相等的矩形，绘制的矩形的大小就是季度卡成品尺寸的大小，如图2-99所示。选择"选择"工具，将矩形和群组后的图形同时选取，按Ctrl+7组合键，创建剪切蒙版，效果如图2-100所示。

图2-99

图2-100

（3）选择"文件 > 导出"命令，弹出"导出"对话框，将其命名为"季度卡-ai-成品尺寸"，导出为JPG格式，如图2-101所示。单击"保存"按钮，系统弹出"JPEG选项"对话框，选项的设置如图2-102所示，单击"确定"按钮，导出成品尺寸的季度卡图像。

图2-101

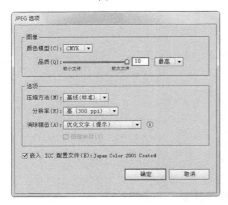

图2-102

（4）可以通过电子邮件的方式把导出的JPG格式小样发给客户，客户可以在看图软件中打开观看，效果如图2-103所示。

图2-103

2.10.2　在CorelDRAW中出小样

1. 带出血的小样

（1）打开本书学习资源中的"Ch02 > 效果 > 季度卡.cdr"文件，如图2-104所示。选择"文件 > 导出"命令，弹出"导出"对话框，将其命名为"季度卡-cdr"，导出为JPG格式，如图2-105所示。单击"导出"按钮，弹出"导出到JPEG"对话框，设置如图2-106所示，单击"确定"按钮，导出图片。

图2-104

图2-105

图2-106

（2）导出图形的图标如图2-107所示。可以通过电子邮件的方式把导出的JPG格式小样发给客户，客户可以在看图软件中打开观看，效果如图2-108所示。

图2-107

图2-108

2. 成品尺寸的小样

（1）打开本书学习资源中的"Ch02 > 效果 > 季度卡.cdr"文件，如图2-109所示。双击"选择"工具 ，将页面中的所有图形同时选取，按Ctrl+G组合键，将其群组，效果如图2-110所示。

图2-109　　　　　　　　　　图2-110

（2）双击"矩形"工具 ，系统自动绘制一个与页面大小相等的矩形，绘制的矩形的大小就是季度卡成品尺寸的大小。按Shift+PageUp组合键，将其置于最上层，效果如图2-111所示。选择"选择"工具 ，选取群组后的图形，如图2-112所示。

图2-111　　　　　　　　　　图2-112

（3）选择"对象 > 图框精确剪裁 > 置于图文框内部"命令，光标变为黑色箭头形状，在矩形框上单击鼠标左键，如图2-113所示，将季度卡置入矩形中，并去掉矩形的轮廓线，效果如图2-114所示。

图2-113　　　　　　　　　　图2-114

（4）选择"文件 > 导出"命令，弹出"导出"对话框，将其命名为"季度卡-cdr-成品尺寸"，导出为JPG格式，如图2-115所示。单击"导出"按钮，弹出"导出到JPEG"对话框，选项的设置如图2-116所示，单击"确定"按钮，导出成品尺寸的季度卡图像。可以通过电子邮件的

方式把导出的JPG格式小样发给客户，客户可以在看图软件中打开观看，效果如图2-117所示。

图2-115

图2-116

图2-117

2.10.3　在InDesign中出小样

1. 带出血的小样

（1）打开本书学习资源中的"Ch02 > 效果 > 季度卡.indd"文件，如图2-118所示。选择"文件 > 导出"命令，弹出"导出"对话框，将其命名为"季度卡-Indd"，

图2-118

导出为JPG格式，如图2-119所示。单击"保存"按钮，系统弹出"导出JPEG"对话框，勾选"使用文档出血设置"复选框，其他选项的设置如图2-120所示，单击"导出"按钮，导出图形。

图2-119

图2-120

（2）导出图形的图标如图2-121所示。可以通过电子邮件的方式把导出的JPG格式小样发给客户，客户可以在看图软件中打开观看，效果如图2-122所示。

图2-121

图2-122

2. 成品尺寸的小样

（1）打开本书学习资源中的"Ch02 > 效果 > 季度卡.indd"文件，如图2-123所示。选择"文件 > 导出"命令，弹出

图2-123

"导出"对话框，将其命名为"季度卡-Indd-成品尺寸"，导出为JPG格式，如图2-124所示，单击"保存"按钮。弹出"导出JPEG"对话框，取消勾选"使用文档出血设置"复选框，其他选项的设置如图2-125所示，单击"导出"按钮，导出图形。

图2-124

图2-125

（2）导出图形的图标如图2-126所示。可以通过电子邮件的方式把导出的JPG格式小样发给

3.1　制作钻戒巡展邀请函

【**案例学习目标**】在Photoshop中，学习使用参考线分割页面，使用移动工具、图层控制面板、创建剪贴蒙版命令制作邀请函底图，使用渐变工具、多边形套索工具、变换选区命令和变换命令制作邀请函立体效果；在Illustrator中，学习使用参考线分割页面，使用绘图工具、文字工具、字符控制面板、倾斜命令、直接选择工具和变换面板添加邀请函封面及内页信息。

【**案例知识要点**】在Photoshop中，使用新建参考线命令建立水平和垂直参考线，使用移动工具、图层控制面板合成邀请函底图，使用多边形套索工具、矩形选框工具绘制选区，使用变换选区命令调整选区大小，使用斜切、扭曲命令、渐变工具和不透明度选项制作邀请函立体效果。钻戒巡展邀请函效果如图3-1所示。

【**效果所在位置**】Ch03/效果/制作钻戒巡展邀请函/钻戒巡展邀请函.ai、钻戒巡展邀请函立体效果.psd。

图3-1

Photoshop 应用

3.1.1　制作邀请函底图

（1）打开Photoshop CS6软件，按Ctrl+N组合键，新建一个文件，宽度为21.6 cm，高度为20.6 cm，分辨率为300像素/英寸，颜色模式为RGB，背景内容为白色。选择"视图 > 新建参考线"命令，弹出"新建参考线"对话框，设置如图3-2所示，单击"确定"按钮，效果如图3-3所示。用相同的方法，在10.3 cm、20.3 cm处分别新建水平参考线，效果如图3-4所示。

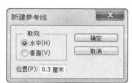

图3-2

图3-3　　　　　　　　图3-4

（2）选择"视图 > 新建参考线"命令，弹出"新建参考线"对话框，设置如图3-5所示，单击"确定"按钮，效果如图3-6所示。用相同的方法，在21.3 cm处新建一条垂直参考线，效果如图3-7所示。

图3-5

图3-6　　　　　　　　图3-7

（3）按Ctrl+O组合键，打开本书学习资源中的"Ch03 > 素材 > 制作钻戒巡展邀请函 > 01"文件，选择"移动"工具，将图片拖曳到图像窗口中适当的位置，效果如图3-8所示，在"图层"控制面板中生成新的图层并将其命名为"图片"。

（4）按Ctrl+O组合键，打开本书学习资源中的"Ch03 > 素材 > 制作钻戒巡展邀请函 > 02"文件，选择"移动"工具 ⊕，将星空图片拖曳到图像窗口中适当的位置，效果如图3-9所示，在"图层"控制面板中生成新的图层并将其命名为"星空"。

图3-8　　　　　　　　　图3-9

（5）按Ctrl+J组合键，复制"星空"图层，生成新的图层"星空 副本"。单击"星空 副本"图层左侧的眼睛图标 ⊙，将"星空 副本"图层隐藏。在"图层"控制面板上方，将"星空"图层的"不透明度"选项设为78%，如图3-10所示，图像效果如图3-11所示。

图3-10　　　　　　　　图3-11

（6）新建图层并将其命名为"色块"。将前景色设为白色。选择"矩形选框"工具 ▣，在图像窗口中绘制矩形选区，按Alt+Delete组合键，用前景色填充选区，按Ctrl+D组合键，取消选区，效果如图3-12所示。

图3-12

（7）选中并显示"星空 副本"图层。按住Alt键的同时，将光标放在"星空 副本"图层和"色块"图层的中间，光标变为 ↓□图标，如图

3-13所示，单击鼠标左键，创建剪贴蒙版，图像效果如图3-14所示。

图3-13　　　　　　　　图3-14

（8）按Ctrl+O组合键，打开本书学习资源中的"Ch03 > 素材 > 制作钻戒巡展邀请函 > 03"文件，选择"移动"工具 ⊕，将装饰图片拖曳到图像窗口中适当的位置，效果如图3-15所示，在"图层"控制面板中生成新的图层并将其命名为"装饰"。

（9）按Ctrl+;组合键，隐藏参考线。钻戒巡展邀请函底图制作完成，效果如图3-16所示。按Shift+Ctrl+E组合键，合并可见图层。按Ctrl+S组合键，弹出"存储为"对话框，将其命名为"钻戒巡展邀请函底图"，保存为JPEG格式，单击"保存"按钮，弹出"JPEG选项"对话框，单击"确定"按钮，将图像保存。

 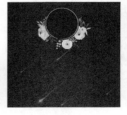

图3-15　　　　　　　　图3-16

Illustrator 应用

3.1.2　制作邀请函封面

（1）打开Illustrator CS6软件，按Ctrl+N组合键，弹出"新建文档"对话框，选项的设置如图3-17所示，单击"确定"按钮，新建一个文档。

图3-17

（2）选择"文件 > 置入"命令，弹出"置入"对话框，选择本书学习资源中的"Ch03 > 效果 > 制作钻戒巡展邀请函 > 钻戒巡展邀请函底图"文件，单击"置入"按钮，将图片置入页面中。单击属性栏中的"嵌入"按钮，嵌入图片。选择"窗口 > 对齐"命令，弹出"对齐"控制面板，将对齐方式设为"对齐画板"，如图3-18所示。分别单击"水平居中对齐"按钮和"垂直居中对齐"按钮，使图片与页面居中对齐，效果如图3-19所示。

图3-18

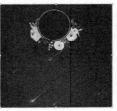

图3-19

（3）按Ctrl+R组合键，显示标尺。选择"选择"工具，在页面中从水平标尺拖曳出一条水平参考线。选择"窗口 > 变换"命令，弹出"变换"控制面板，将"Y"轴选项设为100 mm，如图3-20所示，按Enter键，效果如图3-21所示。

（4）选择"矩形"工具，在页面上方绘制一个矩形，设置图形填充色为深蓝色（其CMYK的值分别为100、100、56、40），填充图形，并设置描边颜色为无，效果如图3-22所示。选择"选择"工具，按住Alt+Shift组合键的同时，

垂直向下拖曳矩形到适当的位置，复制矩形，效果如图3-23所示。

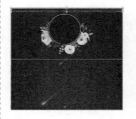

图3-20

图3-21

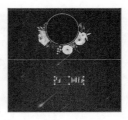

图3-22   图3-23

（5）选择"文字"工具，在页面中输入需要的文字，选择"选择"工具，在属性栏中选择合适的字体并设置文字大小，填充文字为白色，效果如图3-24所示。

图3-24

（6）按Ctrl+T组合键，弹出"字符"控制面板，将"设置所选字符的字距调整"选项设为25，其他选项的设置如图3-25所示，按Enter键确认操作，效果如图3-26所示。

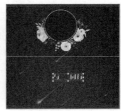

图3-25   图3-26

（7）选择"对象 > 变换 > 倾斜"命令，在弹出的"倾斜"对话框中进行设置，如图3-27所示，单击"确定"按钮，倾斜文字，效果如图3-28所示。用相同的方法输入其他白色文字，设

置适当的字体和大小，并倾斜文字，效果如图3-29所示。

图3-27

图3-28　　　　　　　　　　图3-29

（8）选择"文字"工具▣，在页面外分别输入需要的文字。选择"选择"工具▣，在属性栏中分别选择合适的字体并设置文字大小，效果如图3-30所示。选取文字"邀请函"，选择"字符"控制面板，将"设置所选字符的字距调整"▣选项设为-45，其他选项的设置如图3-31所示，按Enter键确认操作，效果如图3-32所示。

图3-30

图3-31　　　　　　　　　　图3-32

（9）选择"选择"工具▣，用圈选的方法将输入的文字同时选取，选择"文字 > 创建轮廓"命令，为文字创建轮廓，效果如图3-33所示。按Shift+Ctrl+G组合键，取消文字编组。

（10）选择"直接选择"工具▣，用圈选

的方法选取文字"邀"需要的节点，如图3-34所示，按Delete键将其删除。选取需要的节点，如图3-35所示，按住Shift键的同时，垂直向上拖曳节点到适当的位置，效果如图3-36所示。

图3-33　　　　　　　　　　图3-34

图3-35　　　　　　　　　　图3-36

（11）使用相同的方法分别调整其他文字的节点，效果如图3-37所示。选择"选择"工具▣，用圈选的方法将所有的文字同时选取，按Ctrl+G组合键，将其编组，拖曳文字到页面中适当的位置，并填充文字为白色，效果如图3-38所示。

图3-37　　　　　　　　　　图3-38

（12）选择"文件 > 置入"命令，弹出"置入"对话框，选择本书学习资源中的"Ch03 > 素材 > 制作钻戒巡展邀请函 > 04"文件，单击"置入"按钮，将图片置入页面中，单击属性栏中的"嵌入"按钮，嵌入图片。选择"选择"工具▣，将图片拖曳到适当的位置，效果如图3-39所示。

图3-39

（13）双击"镜像"工具▣，弹出"镜像"对话框，选项的设置如图3-40所示，单击"复制"按钮。选择"选择"工具▣，按住Shift键的同时，垂直向下拖曳图片到适当的位置，效果如图3-41所示。

图3-40　　　　　图3-41

（14）选择"窗口 > 透明度"命令，弹出"透明度"控制面板，单击"制作蒙版"按钮，图形效果如图3-42所示，单击"编辑不透明蒙版"图标，如图3-43所示。

图3-42　　　　　图3-43

（15）选择"矩形"工具■，在适当的位置拖曳鼠标绘制一个矩形，效果如图3-44所示。双击"渐变"工具■，弹出"渐变"控制面板，并设置CMYK的值分别为0（0、0、0、0）、86（0、0、0、100），其他选项的设置如图3-45所示。在"透明度"控制面板中单击"停止编辑不透明蒙版"图标，其他选项的设置如图3-46所示，图形效果如图3-47所示。

图3-44　　　　　图3-45

图3-46　　　　　　　　图3-47

（16）选择"文字"工具T，在适当的位置分别输入需要的文字。选择"选择"工具▶，在属性栏中分别选择合适的字体并设置文字大小，填充文字为白色，效果如图3-48所示。

图3-48

（17）选取文字"张大福"，选择"字符"控制面板，将"设置所选字符的字距调整"⊠选项设为-100，其他选项的设置如图3-49所示，按Enter键确认操作，效果如图3-50所示。

图3-49　　　　　图3-50

（18）选取文字"ZHANG DAFU"，选择"字符"控制面板，将"设置所选字符的字距调整"⊠选项设为25，其他选项的设置如图3-51所示，按Enter键确认操作，效果如图3-52所示。

图3-51　　　　　图3-52

（19）选择"选择"工具▶，按住Shift键的同时，选取需要的文字，如图3-53所示。按住Alt键的同时，向上拖曳文字到适当的位置，复制文字，效果如图3-54所示。

图3-53　　　　　　　　图3-54

（20）选择"文字"工具T，在适当的位置分别输入需要的文字。选择"选择"工具，在属性栏中分别选择合适的字体并设置文字大小，将输入的文字同时选取，填充文字为白色，效果如图3-55所示。

（21）选择"直线段"工具，按住Shift键的同时，在适当的位置绘制一条直线。选择"选择"工具，在属性栏中将"描边粗细"选项设置为0.5 pt，按Enter键确认操作；填充描边色为白色，效果如图3-56所示。

图3-55　　　　　　　　图3-56

（22）选择"选择"工具，按住Shift键的同时，选取需要的文字和直线。在"变换"控制面板中，将"旋转"选项设为180°，如图3-57所示，按Enter键，旋转文字和直线，效果如图3-58所示。

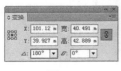

图3-57　　　　　　　　图3-58

（23）选择"选择"工具，按住Shift键的同时，选取参考线和需要的文字，如图3-59所示，按Ctrl+C组合键，复制参考线和文字。

图3-59

3.1.3　制作邀请函内页

（1）选择"窗口 > 图层"命令，弹出"图层"控制面板，单击面板下方的"创建新图层"按钮，得到一个"图层2"。单击"图层1"图层左侧的眼睛图标，将"图层1"图层隐藏，如图3-60所示。按Shift+Ctrl+V组合键，原位粘贴参考线和文字，如图3-61所示。

图3-60　　　　　　　　图3-61

（2）选择"矩形"工具，绘制一个与页面大小相等的矩形，设置图形填充色为浅蓝色（其CMYK的值分别为15、0、5、0），填充图形，并设置描边色为无，效果如图3-62所示。按Ctrl+Shift+[组合键，将图形置于底层，效果如图3-63所示。

图3-62　　　　　　　　图3-63

（3）选择"选择"工具，按住Shift键的同时，选取白色文字，向右上方拖曳到适当的位置，然后设置文字填充色为棕色（其CMYK的值分别

图3-64

为0、55、55、50），填充文字，效果如图3-64所示。

（4）选择"文字"工具 T ，在适当的位置输入需要的文字。选择"选择"工具 ，在属性栏中选择合适的字体并设置文字大小，设置文字填充色为棕色（其CMYK的值分别为0、55、55、50），填充文字，效果如图3-65所示。

（5）选择"文字"工具 T ，在适当的位置插入光标，如图3-66所示。多次按空格键并将其选中，如图3-67所示。在"字符"控制面板中单击"下划线"按钮 T ，为空格添加下划线，取消文字选取状态，效果如图3-68所示。

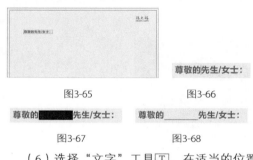

图3-65　　　　　　　图3-66

图3-67　　　　　　　图3-68

（6）选择"文字"工具 T ，在适当的位置拖曳一个文本框，输入需要的文字。选择"选择"工具 ，在属性栏中选择合适的字体并设置文字大小，效果如图3-69所示。

图3-69

（7）选择"字符"控制面板，将"设置行距" 选项设为18 pt，其他选项的设置如图3-70所示，按Enter键确认操作，效果如图3-71所示。

图3-70

图3-71

（8）保持文字的选取状态，按Alt+Ctrl+T组合键，弹出"段落"控制面板，将"首行左缩进" 选项设为20 pt，其他选项的设置如图3-72所示，按Enter键确认操作，效果如图3-73所示。

图3-72

图3-73

（9）选择"文字"工具 T ，在页面中分别输入需要的文字。选择"选择"工具 ，在属性栏中分别选择合适的字体并设置文字大小，效果如图3-74所示。

图3-74

（10）选取需要的文字，选择"字符"控制面板，将"设置行距" 选项设为14 pt，其他选项的设置如图3-75所示，按Enter键确认操作，效果如图3-76所示。

图3-75　　　　　　　图3-76

（11）选择"文字"工具 T ，选取文字"时间："，在属性栏中选择合适的字体，效果如图3-77所示。使用相同的方法设置其他文字的字体，效果如图3-78所示。

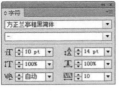

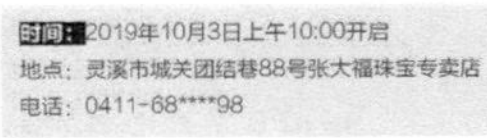
时间：2019年10月3日上午10:00开启
地点：灵溪市城关团结巷88号张大福珠宝专卖店
电话：0411-68****98

图3-77

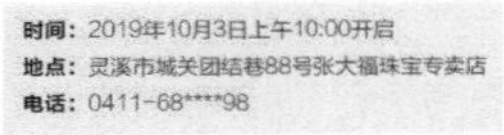
时间：2019年10月3日上午10:00开启
地点：灵溪市城关团结巷88号张大福珠宝专卖店
电话：0411-68****98

图3-78

（12）选择“选择”工具，选取需要的文字，选择“字符”控制面板，将“设置行距”选项设为14 pt，其他选项的设置如图3-79所示，按Enter键确认操作，效果如图3-80所示。

字符
方正兰亭粗黑简体
10 pt
14 pt
100%
100%
自动
10

图3-79

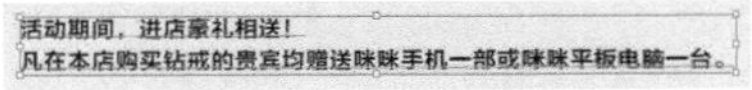
活动期间，进店豪礼相送！
凡在本店购买钻戒的贵宾均赠送咪咪手机一部或咪咪平板电脑一台。

图3-80

（13）选择“选择”工具，按住Shift键的同时，在右上角选取需要的棕色文字，如图3-81所示，按住Alt键的同时，向右下角拖曳，复制文字。分别调整文字的大小和位置，效果如图3-82所示。

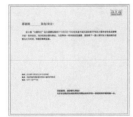

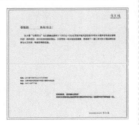

图3-81

图3-82

（14）选择“文字”工具，在适当的位置输入需要的文字。选择“选择”工具，在属性栏中选择合适的字体并设置文字大小，设置文字填充色为棕色（其CMYK的值分别为0、55、55、50），填充文字，效果如图3-83所示。

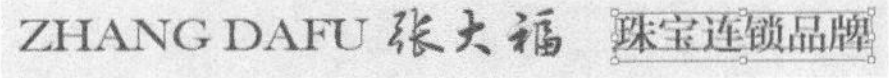
ZHANG DAFU 张大福 珠宝连锁品牌

图3-83

（15）选择“直线段”工具，按住Shift键的同时，在适当的位置绘制竖线。在属性栏中将“描边粗细”选项设置为0.5 pt，按Enter键；设置竖线描边色为棕色（其CMYK的值分别为0、55、55、50），填充描边，效果如图3-84所示。用相同的方法再绘制一条直线，效果如图3-85所示。

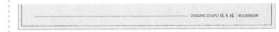

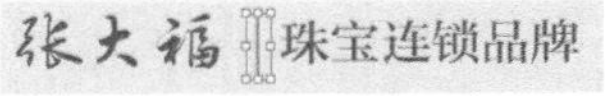
张大福 珠宝连锁品牌

图3-84

ZHANG DAFU 张大福 珠宝连锁品牌

图3-85

（16）按Ctrl+R组合键，隐藏标尺。按Ctrl+；组合键，隐藏参考线。钻戒巡展邀请函制作完成，效果如图3-86所示。按Ctrl+S组合键，弹出“存储为”对话框，将其命名为“钻戒巡展邀请函”，保存为AI格式，单击“保存”按钮，将文件保存。

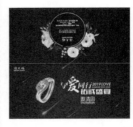

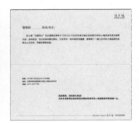

图3-86

（17）选择“文件 > 导出”命令，弹出“导出”对话框，将其命名为“钻戒巡展邀请函内文”，保存为JPEG格式，单击“保存”按钮，将图像导出。单击“图层1”左侧的眼睛图标，显示“图层1”，用相同的方法导出文件，将其命名为“钻戒巡展邀请函封面”，保存为JPEG格式，单击“保存”按钮，将图像导出。

Photoshop 应用

3.1.4 制作邀请函立体效果

（1）按Ctrl+N组合键，新建一个文件，宽度为29 cm，高度为21 cm，分辨率为300像素/英寸，颜色模式为RGB，背景内容为白色，单击“确定”按钮。

（2）选择“渐变”工具，单击属性栏中

的"点按可编辑渐变"按钮，弹出"渐变编辑器"对话框，将渐变色设为从白色到黑色，如图3-87所示，单击"确定"按钮。在属性栏中单击"径向渐变"按钮，在图像窗口中从中心向右侧拖曳鼠标填充渐变色，效果如图3-88所示。

（3）按Ctrl+O组合键，打开本书学习资源中的"Ch03 > 效果 > 制作钻戒巡展邀请函 > 钻戒巡展邀请函内文"文件，选择"移动"工具，将图片拖曳到图像窗口中适当的位置，并调整其大小，如图3-89所示。在"图层"控制面板中生成新的图层并将其命名为"内页1"。

图3-87

图3-88　　　　　　　　图3-89

（4）按住Ctrl键的同时，单击"内页1"图层的缩览图，图像周围生成选区，如图3-90所示。选择"选择 > 变换选区"命令，在选区周围出现控制手柄，向上

图3-90

拖曳下边中间的控制手柄到适当的位置，调整选区的大小，按Enter键确认操作，如图3-91所示。按Delete键，删除选区内的图像。按Ctrl+D组合键，取消选区，效果如图3-92所示。

图3-91　　　　　　　　图3-92

（5）单击"图层"控制面板下方的"添加图层样式"按钮，在弹出的菜单中选择"投影"命令，弹出对话框，选项的设置如图3-93所示，单击"确定"按钮，效果如图3-94所示。

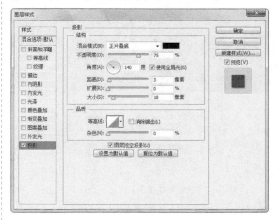

图3-93

图3-94

（6）按Ctrl+O组合键，打开本书学习资源中的"Ch03 > 效果 > 制作钻戒巡展邀请函 > 钻戒巡展邀请函封面"文件，选择"移动"工具，将图片拖曳到图像窗口中适当的位置，并调整其大小，如图3-95所示。在"图层"控制面板中生成新的图层并将其命名为"封面"。按住Ctrl键的同

时，单击"封面"图层的缩览图，图像周围生成选区，如图3-96所示。

图3-95　　　　　　　图3-96

（7）选择"选择 > 变换选区"命令，在选区周围出现控制手柄，向上拖曳下边中间的控制手柄到适当的位置，调整选区的大小，按Enter键确认操作，如图3-97所示。按Delete键，删除选区内的图像。按Ctrl+D组合键，取消选区，效果如图3-98所示。

图3-97　　　　　　　图3-98

（8）选择"编辑 > 变换 > 斜切"命令，图像周围出现变换框，调整变换框的控制手柄，改变图像的形状，按Enter键确认操作，效果如图3-99所示。

（9）按住Ctrl键的同时，单击"图层"控制面板下方的"创建新图层"按钮，在"封面"图层下方生成新的图层并将其命名为"阴影1"。选择"多边形套索"工具，在图像窗口中绘制选区，如图3-100所示。

图3-99　　　　　　　图3-100

（10）选择"选择 > 修改 > 羽化"命令，弹出"羽化选区"对话框，选项的设置如图3-101所示，单击"确定"按钮，羽化选区，效果如图3-102所示。

图3-101

图3-102

（11）将前景色设为深灰色（其R、G、B的值分别为71、71、71）。按Alt+Delete组合键，用前景色填充选区。按Ctrl+D组合键，取消选区，效果如图3-103所示。

图3-103

（12）单击"图层"控制面板下方的"创建新的填充或调整图层"按钮，在弹出的菜单中选择"色阶"命令，在"图层"控制面板中生成"色阶1"图层，同时弹出"色阶"面板，单击"此调整影响下面所有图层"按钮使其显示为"此调整剪切到此图层"按钮，其他选项的设置如图3-104所示。按Enter键确认操作，图像效果如图3-105所示。

图3-104　　　　　　　图3-105

（13）选择"封面"图层。选择"钻戒巡展邀请函内文"文件，选择"移动"工具，将图片拖曳到图像窗口中适当的位置，并调整其大小，如图3-106所示。在"图层"控制面板中生成新的图层并将其命名为"内页2"。

（14）选择"矩形选框"工具▣，在图像窗口中绘制矩形选区，如图3-107所示。按Ctrl+X组合键，剪切选区中的图像。

图3-106　　　　　　　图3-107

（15）新建图层并将其命名为"内页3"。按Shift+Ctrl+V组合键，原位粘贴剪切的图像。单击"内页3"图层左侧的眼睛图标●，将"内页3"图层隐藏，并选中"内页2"图层，如图3-108所示。选择"编辑>变换>扭曲"命令，图像周围出现变换框，调整变换框的控制手柄，改变图像的形状，按Enter键确认操作，效果如图3-109所示。

图3-108　　　　　　　图3-109

（16）选中并显示"内页3"图层。选择"编辑>变换>扭曲"命令，图像周围出现变换框，调整变换框的控制手柄，改变图像的形状，按Enter键确认操作，效果如图3-110所示。

图3-110

（17）新建图层并将其命名为"阴影2"。选择"多边形套索"工具▷，在图像窗口中绘制选区，如图3-111所示。选择"选择>修改>羽化"命令，弹出"羽化选区"对话框，选项的

图3-111

设置如图3-112所示，单击"确定"按钮，羽化选区。微调选区到适当的位置，效果如图3-113所示。

图3-112

图3-113

（18）按Alt+Delete组合键，用前景色填充选区。按Ctrl+D组合键，取消选区，效果如图3-114所示。将"阴影2"图层拖曳到"内页2"图层的下方，如图3-115所示，效果如图3-116所示。

图3-114

图3-115　　　　　　　图3-116

（19）新建图层并将其命名为"高光"。按住Ctrl键的同时，单击"内页3"图层的图层缩览图，在图像窗口中生成选区，如图3-117所示。

图3-117

（20）选择"渐变"工具▣，单击属性栏中的"点按可编辑渐变"按钮▬▬▼，弹出"渐变编辑器"对话框，将渐变色设为从浅灰

色（其R、G、B的值分别为165、165、165）到白色，如图3-118所示，单击"确定"按钮。在选区中从下方至上方拖曳鼠标填充渐变色，按Ctrl+D组合键，取消选区，效果如图3-119所示。

图3-119

（21）在"图层"控制面板中，将"高光"图层的"不透明度"选项设为30%，如图3-120所示，图像效果如图3-121所示。钻戒巡展邀请函立体效果制作完成。

图3-118

图3-120   图3-121

3.2　课后习题——制作生日贺卡

【习题知识要点】在Photoshop中，使用椭圆工具与定义图案命令定义图案，使用图案填充命令填充定义的图案；在CorelDRAW中，使用贝塞尔工具、轮廓笔工具和填充工具绘制装饰图形，使用导入命令导入图片，使用阴影工具为图片添加阴影效果，使用文本工具、旋转角度命令和立体化工具添加并编辑主题文字，使用贝塞尔工具、星形工具和文本工具绘制彩旗，使用多种绘图工具、变形工具和填充工具绘制花朵，使用文本工具、文本属性命令制作内页文字。生日贺卡效果如图3-122所示。

【效果所在位置】Ch03/效果/制作生日贺卡/生日贺卡.cdr。

图3-122

第 *4* 章

广告设计

本章介绍

　　广告以多样的形式出现在城市中，通过电视、报纸和霓虹灯等媒介来发布，是城市商业发展的写照。广告是重要的宣传媒体之一，具有实效性强、受众广泛、宣传力度大的特点。好的广告要强化视觉冲击力，抓住观众的视线。本章以制作汽车广告为例，讲解广告的设计方法和制作技巧。

学习目标

◆ 在Photoshop软件中制作广告背景。
◆ 在Illustrator软件中添加广告信息及介绍性文字。

技能目标

◆ 掌握"汽车广告"的制作方法。
◆ 掌握"房地产广告"的制作方法。

【案例学习目标】在Photoshop中，学习使用图层控制面板、画笔工具、钢笔工具和多种滤镜命令制作广告背景；在Illustrator中，学习使用文字工具添加需要的文字，使用绘图工具、文字工具制作标志，使用置入命令、剪贴蒙版命令添加并编辑图片。

【案例知识要点】在Photoshop中，使用添加图层蒙版按钮、画笔工具制作图片渐隐效果，使用多边形套索工具、高斯模糊命令制作汽车阴影，使用钢笔工具、动感模糊命令为车圈添加模糊效果，使用镜头光晕命令制作光晕效果；在Illustrator中，使用椭圆工具、文字工具、星形工具、倾斜工具、渐变工具、路径查找器控制面板制作汽车标志，使用文字工具添加需要的文字，使用矩形工具、剪贴蒙版命令编辑图片。汽车广告效果如图4-1所示。

【效果所在位置】Ch04/效果/制作汽车广告/汽车广告.ai。

图4-1

Photoshop 应用

4.1.1 制作广告背景

（1）打开Photoshop CS6软件，按Ctrl+N组合键，新建一个文件，宽度为70.6 cm，高度为50.6 cm，分辨率为150像素/英寸，颜色模式为RGB，背景内容为白色。

（2）按Ctrl+O组合键，打开本书学习资源中的"Ch04 > 素材 > 制作汽车广告 > 01、02"文件，01文件如图4-2所示。选择"移动"工具，将"02"图片拖曳到"01"图像窗口中适当的位置，效果如图4-3所示，在"图层"控制面板中生成新的图层并将其命名为"图片1"。

图4-2   图4-3

（3）单击"图层"控制面板下方的"添加图层蒙版"按钮，为"图片1"图层添加图层蒙版，如图4-4所示。将前景色设为黑色。选择"画笔"工具，在属性栏中单击"画笔"选项右侧的按钮，在弹出的画笔面板中选择需要的画笔形状，如图4-5所示；在图像窗口中进行涂抹，擦除不需要的部分，效果如图4-6所示。

（4）按Ctrl+O组合键，打开本书学习资源中的"Ch04 > 素材 > 制作汽车广告 > 03"文件，选择"移动"工具，将汽车图片拖曳到图像窗口中适当的位置，效果如图4-7所示，在"图层"控制面板中生成新的图层并将其命名为"汽车"。

 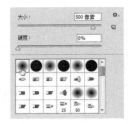

图4-4   图4-5

图4-6   图4-7

（5）新建图层并将其命名为"投影"。选

择"多边形套索"工具，在图像窗口中绘制选区，如图4-8所示。按Alt+Delete组合键，用前景色填充选区。按Ctrl+D组合键，取消选区，效果如图4-9所示。

图4-8　　　　　　　图4-9

（6）选择"滤镜 > 模糊 > 高斯模糊"命令，在弹出的对话框中进行设置，如图4-10所示，单击"确定"按钮，效果如图4-11所示。

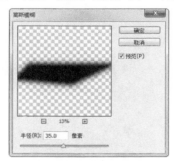

图4-10

图4-11

（7）在"图层"控制面板中，将"投影"图层拖曳到"汽车"图层的下方，如图4-12所示，图像效果如图4-13所示。

图4-12　　　　　　　图4-13

（8）选中"汽车"图层。选择"钢笔"工具，在属性栏的"选择工具模式"选项中选择"路径"，在图像窗口中绘制路径，如图4-14所示。按Ctrl+Enter组合键，将路径转换为选区，如图4-15所示。

图4-14　　　　　　　图4-15

（9）按Ctrl+J组合键，复制选区中的图像，生成新的图层并将其命名为"车圈1"，如图4-16所示。选择"滤镜 > 模糊 > 动感模糊"命令，在弹出的对话框中进行设置，如图4-17所示，单击"确定"按钮，效果如图4-18所示。

图4-16

图4-17

图4-18

（10）使用相同的方法制作"车圈2"，效果如图4-19所示。按Ctrl+O组合键，打开本书学习资源中的"Ch04 > 素材 > 制作汽车广告 > 04"文件，选择"移动"工具，将沙子图片拖曳到图像窗口中适当的位置，效果如图4-20所示，在"图层"控制面板中生成新的图层并将其命名为"沙子"。

图4-19　　　　　　图4-20

（11）单击"图层"控制面板下方的"添加图层蒙版"按钮，为"沙子"图层添加图层蒙版，如图4-21所示。选择"画笔"工具，按]键，适当调整画笔笔尖大小，在图像窗口中进行涂抹，擦除不需要的部分，效果如图4-22所示。

图4-21　　　　　　图4-22

（12）单击"图层"控制面板下方的"创建新的填充或调整图层"按钮，在弹出的菜单中选择"色彩平衡"命令，在"图层"控制面板中生成"色彩平衡1"图层，同时弹出"色彩平衡"面板，单击"此调整影响下面所有图层"按钮使其显示为"此调整剪切到此图层"按钮，其他选项的设置如图4-23所示。按Enter键确认操作，图像效果如图4-24所示。

图4-23　　　　　　图4-24

（13）在"图层"控制面板上方，将"色彩平衡1"图层的混合模式选项设为"柔光"，"不透明度"选项设为50%，如图4-25所示，图像效果如图4-26所示。

图4-25　　　　　　图4-26

（14）单击"色彩平衡1"图层的蒙版缩览图，选择"画笔"工具，按[键，适当调整画笔笔尖大小，在属性栏中将"流量"选项设为50%，在图像窗口中进行涂抹，擦除不需要的部分，效果如图4-27所示。

图4-27

（15）单击"图层"控制面板下方的"创建新的填充或调整图层"按钮，在弹出的菜单中选择"色相/饱和度"命令，在"图层"控制面板中生成"色相/饱和度1"图层，同时弹出"色相/饱和度"面板，单击"此调整影响下面所有图层"按钮使其显示为"此调整剪切到此图层"按钮，其他选项的设置如图4-28所示。按Enter键确认操作，图像效果如图4-29所示。

图4-28

（16）按Ctrl+O组合键，打开本书学习资源中的"Ch04 > 素材 > 制作汽车广告 > 05"文件，选择"移动"工具![移动工具]，将碎石图片拖曳到图像窗口中适当的位置，效果如图4-30所示，在"图层"控制面板中生成新的图层并将其命名为"碎石"。

图4-29 　　　　　　 图4-30

（17）在"图层"控制面板上方，将"碎石"图层的混合模式选项设为"滤色"，如图4-31所示，图像效果如图4-32所示。

图4-31 　　　　　　 图4-32

（18）选择"滤镜 > 渲染 > 镜头光晕"命令，弹出"镜头光晕"对话框，在预览区设置光源，其他选项的设置如图4-33所示，单击"确定"按钮，效果如图4-34所示。汽车广告背景制作完成。

图4-33

图4-34

（19）按Shift+Ctrl+E组合键，合并可见图层。按Ctrl+S组合键，弹出"存储为"对话框，将其命名为"汽车广告背景"，保存为JPEG格式，单击"保存"按钮，弹出"JPEG选项"对话框，单击"确定"按钮，将图像保存。

Illustrator 应用

4.1.2 制作汽车标志

（1）打开Illustrator CS6软件，按Ctrl+N组合键，弹出"新建文档"对话框，选项的设置如图4-35所示，单击"确定"按钮，新建一个文档。

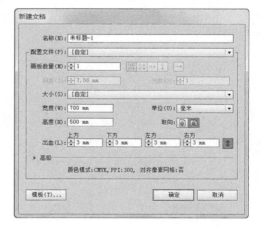

图4-35

（2）选择"文件 > 置入"命令，弹出"置入"对话框，选择本书学习资源中的"Ch04 > 效果 > 制作汽车广告 > 汽车广告背景"文件，单击"置入"按钮，将图片置入页面中。在属性栏中单击"嵌入"按钮，嵌入图片。选择"窗口 > 对齐"命令，弹出"对齐"控制面板，将对齐方式设为"对齐画板"，如图4-36所示。分别单击

"水平居中对齐"按钮和"垂直居中对齐"按钮，使图片与页面居中对齐，效果如图4-37所示。

图4-36　　　　　　图4-37

（3）选择"椭圆"工具，按住Shift键的同时，在页面空白处绘制一个圆形，如图4-38所示。双击"渐变"工具，弹出"渐变"控制面板，在色带上设置3个渐变滑块，分别将渐变滑块的位置设为0、84、100，并设置CMYK的值分别为0（0、50、100、0）、84（15、80、100、0）、100（19、88、100、20），如图4-39所示，填充渐变。设置描边色为无，效果如图4-40所示。在圆形中从左上方至右下方拖曳渐变，效果如图4-41所示。

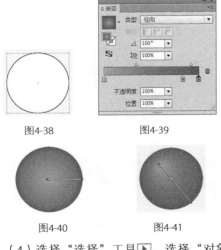

图4-38　　　　　　图4-39

图4-40　　　　　　图4-41

（4）选择"选择"工具，选择"对象 > 变换 > 缩放"命令，在弹出的"比例缩放"对话框中进行设置，如图4-42所示。单击"复制"按钮，复制出一个圆形，填充图形为白色，效果如图4-43所示。

图4-42 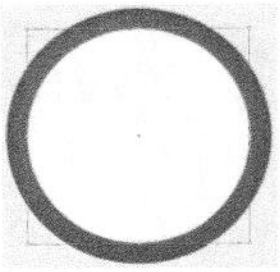　　　　　　图4-43

（5）按Ctrl+D组合键，再复制出一个圆形，按住Shift键的同时，将两个白色圆形同时选取，如图4-44所示。选择"对象 > 复合路径 > 建立"命令，创建复合路径，效果如图4-45所示。

（6）选择"文字"工具，在页面中适当的位置输入需要的文字。选择"选择"工具，在属性栏中选择合适的字体并设置文字大小，填充文字为白色，效果如图4-46所示。

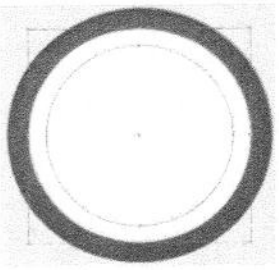

图4-44 　　　　图4-45 　　　　图4-46

（7）按Shift+Ctrl+O组合键，创建轮廓，如图4-47所示。按住Shift键的同时，将文字与白色圆形同时选取。选择"窗口 > 路径查找器"命令，在弹出的控制面板中单击"联集"按钮，如图4-48所示，生成一个新对象，效果如图4-49所示。

图4-47

图4-48 　　　　　　图4-49

（8）选择"星形"工具，在页面中单击鼠标左键，在弹出的对话框中进行设置，如图

052

4-50所示，单击"确定"按钮，得到一个星形。选择"选择"工具，填充图形为白色，并将其拖曳到适当的位置，效果如图4-51所示。

图4-50　　　　　　图4-51

（9）选择"对象＞变换＞倾斜"命令，在弹出的对话框中进行设置，如图4-52所示，单击"确定"按钮，效果如图4-53所示。按住Alt键的同时，向右上方拖曳鼠标，复制一个星形，并调整其大小，效果如图4-54所示。用相同的方法再复制两个星形，并分别调整其大小与位置，效果如图4-55所示。

图4-52

图4-53　　　　图4-54　　　　图4-55

（10）选择"选择"工具，按住Shift键的同时，将需要的图形同时选取，如图4-56所示，按Ctrl+G组合键，将其编组。在"渐变"控制面

板中，将渐变色设为从白色到浅灰色（0、0、0、30），其他选项的设置如图4-57所示，填充渐变色，效果如图4-58所示。选择"渐变"工具，在圆形中从左上方至右下方拖曳渐变色，效果如图4-59所示。

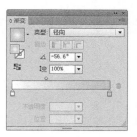

图4-56　　　　　　图4-57

图4-58　　　　　　图4-59

（11）选择"选择"工具，按Ctrl+C组合键，复制选取的图形，按Shift+Ctrl+V组合键，就地粘贴选取的图形，并填充为黑色，效果如图4-60所示。按Ctrl+[组合键，将图形后移一层，并将上方的渐变图形拖曳到适当的位置，效果如图4-61所示。用圈选的方法选取标志图形，将其拖曳到页面中的适当位置，效果如图4-62所示。

图4-60　　　　　　图4-61

图4-62

4.1.3 添加内容文字

（1）选择"文字"工具▢，在适当的位置分别输入需要的文字。选择"选择"工具▣，在属性栏中选择合适的字体并设置文字大小，效果如图4-63所示。

图4-63

（2）选取"雪弗克"文字，按Ctrl+T组合键，弹出"字符"控制面板，将"设置所选字符的字距调整"▦选项设为380，其他选项的设置如图4-64所示，按Enter键确认操作，效果如图4-65所示。

图4-64　　　　　图4-65

（3）选取"SNOWFALK"文字，选择"字符"控制面板，将"水平缩放"选项设为176%，如图4-66所示，按Enter键确认操作，效果如图4-67所示。

图4-66　　　　　图4-67

（4）选择"文字"工具▢，在适当的位置分别输入需要的文字。选择"选择"工具▣，在属性栏中选择合适的字体并设置文字大小，效果如图4-68所示。选取文字"生活。"，设置文字填充色为红色（其CMYK的值分别为0、100、100、20），填充文字，效果如图4-69所示。

图4-68　　　　　图4-69

（5）选择"文字"工具▢，在适当的位置输入需要的文字。选择"选择"工具▣，在属性栏中选择合适的字体并设置文字大小，效果如图4-70所示。

（6）选择"选择"工具▣，按住Shift键的同时，选取需要的文字，如图4-71所示。在"对齐"控制面板中将对齐方式设为"对齐所选对象"，单击"水平左对齐"按钮▤，如图4-72所示，对齐文字，效果如图4-73所示。

图4-70　　　　　图4-71

图4-72　　　　　图4-73

（7）选择"直线段"工具▢，在文字右侧绘制一条竖线。选择"选择"工具▣，在属性栏中将"描边粗细"选项设置为2 pt，按Enter键确认操作，效果如图4-74所示。选择"文字"工具▢，在适当的位置分别输入需要的文字。选择"选择"工具▣，在属性栏中选择合适的字体并分别设置文字大小，效果如图4-75所示。选取需要的文字，设置文字填充色为红色（其CMYK的值分别为0、100、100、20），填充文字，效果如图4-76所示。

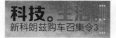

科技。生活。
新科朗兹购车召集令3

图4-74

科技。生活。
新科朗兹购车召集令3
新生代 操控王
万元礼遇
首付3.99万起

图4-75

新生代 操控王
万元礼遇
首付3.99万起

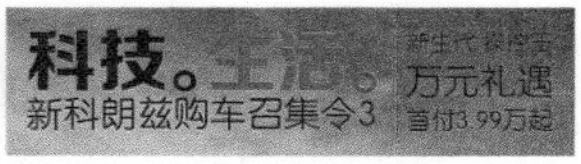

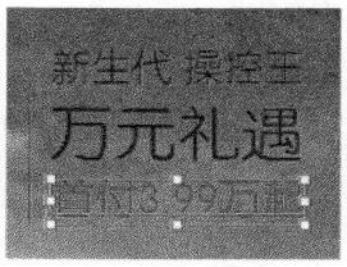

图4-76

（8）选择“文字”工具T，在适当的位置输入需要的文字。选择“选择”工具，在属性栏中选择合适的字体并设置文字大小，效果如图4-77所示。在“字符”控制面板中将“设置行距”选项设为34.5pt，如图4-78所示，按Enter键确认操作，效果如图4-79所示。

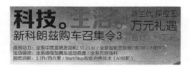

科技。生活。
新科朗兹购车召集令3
新生代 操控王
万元礼遇

图4-77

字符
方正准圆简体
26.64
34.5 p
100%
100%
自动
0

科技。生活。
新科朗兹购车召集令3
万元礼遇

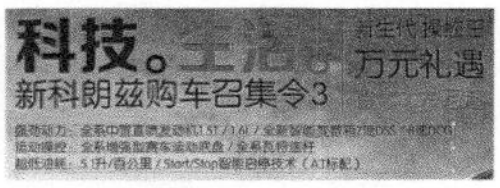

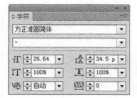

图4-78　　图4-79

（9）选择“文字”工具T，选取文字“强劲动力：”，设置文字填充色为红色（其CMYK的值分别为0、100、100、20），填充文字，效果如图4-80所示。用相同的方法调整其他文字，效果如图4-81所示。

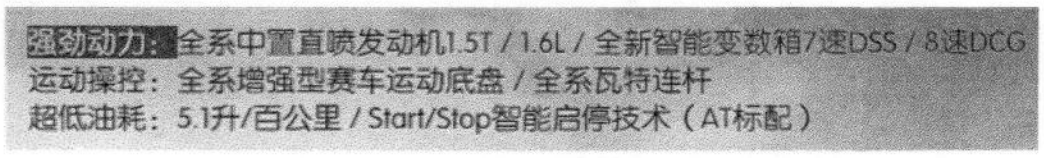

强劲动力：全系中置直喷发动机1.5T / 1.6L / 全新智能变数箱7速DSS / 8速DCG
运动操控：全系增强型赛车运动底盘 / 全系瓦特连杆
超低油耗：5.1升/百公里 / Start/Stop智能启停技术（AT标配）

图4-80

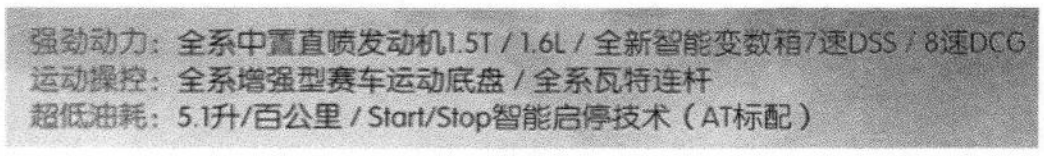

强劲动力：全系中置直喷发动机1.5T / 1.6L / 全新智能变数箱7速DSS / 8速DCG
运动操控：全系增强型赛车运动底盘 / 全系瓦特连杆
超低油耗：5.1升/百公里 / Start/Stop智能启停技术（AT标配）

图4-81

4.1.4 添加图片及其他相关信息

（1）选择“矩形”工具，按住Shift键的同时，在适当的位置绘制一个正方形，如图4-82所示。选择“选择”工具，按住Alt+Shift组合键的同时，将其水平向右拖曳到适当的位置，如图4-83所示。按住Ctrl键的同时，连续点按D键，按需要复制出多个正方形，效果如图4-84所示。

科技。
新科朗兹购车召集令3

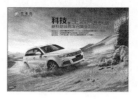

图4-82

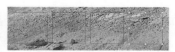

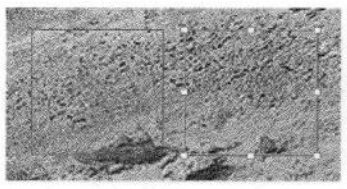

图4-83　　图4-84

（2）选择“文件 > 置入”命令，弹出“置入”对话框，选择本书学习资源中的“Ch04 > 素材 > 制作汽车广告 > 06”文件，单击“置入”按钮，将图片置入页面中。在属性栏中单击“嵌入”按钮，嵌入图片。选择“选择”工具，将其拖曳到适当的位置并调整大小，效果如图4-85所示。按多次Ctrl+ [组合键，将图片后移到适当的位置，如图4-86所示。

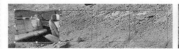

图4-85　　图4-86

（3）选择“选择”工具，按住Shift键的同时，将图片与上方的图形同时选取，如图4-87所示。选择“对象 > 剪贴蒙版 > 建立”命令，制作出蒙版效果，如图4-88所示。

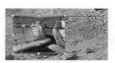

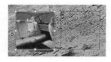

图4-87　　图4-88

（4）选择"文字"工具 T，在页面中适当的位置输入需要的文字。选择"选择"工具，在属性栏中选择合适的字体并设置文字大小，效果如图4-89所示。用相同的方法置入其他图片并制作剪贴蒙版，在图片下方分别添加适当的文字，效果如图4-90所示。

图4-89　　　　　　　　　图4-90

（5）选择"矩形"工具，在适当的位置绘制一个矩形，设置填充色为灰色（其CMYK的值分别为0、0、0、10），填充图形，并设置描边色为无，效果如图4-91所示。

（6）选择"文字"工具 T，在适当的位置分别输入需要的文字。选择"选择"工具，在属性栏中分别选择合适的字体并设置文字大小，效果如图4-92所示，汽车广告制作完成。

图4-91　　　　　　　　　图4-92

（7）按Ctrl+S组合键，弹出"存储为"对话框，将其命名为"汽车广告"，保存文件为AI格式，单击"保存"按钮，将文件保存。

4.2　课后习题——制作房地产广告

【习题知识要点】在Photoshop中，使用图层控制面板、画笔工具和渐变工具制作图片叠加效果，使用色相/饱和度命令、色阶命令、渐变映射命令和照片滤镜命令调整图片的色调，使用垂直翻转命令翻转图片；在Illustrator中，使用置入命令置入素材图片，使用文字工具、字符控制面板和填充工具添加并编辑内容信息，使用钢笔工具绘制装饰图形，使用直线段工具、描边控制面板绘制并编辑直线，使用镜像工具镜像图形，使用插入字形命令添加需要的字形。房地产广告效果如图4-93所示。

【效果所在位置】Ch04/效果/制作房地产广告/房地产广告.ai。

图4-93

第 5 章

包装设计

本章介绍

　　包装代表着一个商品的品牌形象，可以起到保护、美化商品及传达商品信息的作用。好的包装可以让商品在同类产品中脱颖而出，吸引消费者的注意力并引发其购买行为；好的包装还可以极大地提高商品的价值。本章以制作土豆片包装为例，讲解包装的设计方法和制作技巧。

学习目标

◆ 在Photoshop软件中制作包装背景图和立体效果图。
◆ 在CorelDRAW软件中制作包装平面展开图。

技能目标

◆ 掌握"土豆片包装"的制作方法。
◆ 掌握"比萨包装"的制作方法。

【案例学习目标】在Photoshop中，学习使用滤镜命令、图层蒙版和图层的混合模式制作包装背景图，使用编辑图片命令制作立体效果；在Illustrator中，学习使用绘图工具、剪贴蒙版、效果命令制作添加图片和相关底图，并使用文字工具添加包装内容及相关信息。

【案例知识要点】在Photoshop中，使用矩形工具和渐变工具制作背景效果，使用艺术笔滤镜命令、图层的混合模式和不透明度选项制作图片融合效果，使用椭圆工具和高斯模糊命令制作高光，使用钢笔工具、渐变工具和图层样式命令制作背面效果，使用色相/饱和度命令、色阶命令调整图片颜色；在Illustrator中，使用矩形工具和创建剪贴蒙版命令添加食物图片，使用文字工具、钢笔工具、变形命令和高斯模糊命令制作文字效果，使用纹理化命令制作标志底图，使用矩形网格工具、文字工具和字符面板添加说明表格和文字。土豆片包装效果如图5-1所示。

【效果所在位置】Ch05/效果/制作土豆片包装/土豆片包装展开图.ai、土豆片包装立体展示图.psd。

图5-1

Photoshop 应用

5.1.1 制作土豆片包装正面背景图

（1）按Ctrl+N组合键，新建一个文件，宽度为20 cm，高度为25 cm，分辨率为300像素/英寸，颜色模式为RGB，背景内容为白色。

（2）单击"图层"控制面板下方的"创建新组"按钮，生成新的图层组并将其命名为"正面"。新建图层并将其命名为"浅绿"，删除"背景"图层。将前景色设为浅绿色（其R、G、B的值分别为161、215、47）。按Alt＋Delete组合键，用前景色填充"浅绿"图层，如图5-2所示，图像效果如图5-3所示。

图5-2　　　　　　　　　　图5-3

（3）新建图层并将其命名为"翠绿"。将前景色设为翠绿色（其R、G、B的值分别为79、198、0）。选择"矩形"工具，在属性栏的"选择工具模式"选项中选择"像素"，在图像窗口中的适当位置拖曳鼠标绘制图形，效果如图5-4所示。

图5-4

（4）单击"图层"控制面板下方的"添加图层蒙版"按钮，为"翠绿"图层添加图层蒙版，如图5-5所示。选择"渐变"工具，单击属性栏中的"点按可编辑渐变"按钮，弹出"渐变编辑器"对话框，将渐变色设为从黑色到白色，单击"确定"按钮。在图像窗口中由上向下拖曳鼠标填充渐变色，效果如图5-6所示。

图5-5　　　　　　　图5-6

（5）按Ctrl＋O组合键，打开本书学习资源中的"Ch05 > 素材 > 制作土豆片包装 > 01"文件，选择"移动"工具，将图片拖曳到图像窗口中适当的位置，效果如图5-7所示，在"图层"控制面板中生成新的图层并将其命名为"土豆"。

图5-7

（6）选择"滤镜 > 滤镜库"命令，在弹出的对话框中进行设置，如图5-8所示，单击"确定"按钮，效果如图5-9所示。

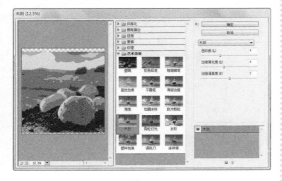

图5-8

（7）单击"图层"控制面板下方的"添加图层蒙版"按钮，为"土豆"图层添加图层蒙版。选择"渐变"工具，在图像窗口中由上向下拖曳鼠标填充渐变色，效果如图5-10所示。

图5-9　　　　　　　图5-10

（8）在"图层"控制面板上方，将"土豆"图层的混合模式选项设为"明度"，"不透明度"选项设为30%，如图5-11所示，效果如图5-12所示。

图5-11　　　　　　　图5-12

（9）按Ctrl＋O组合键，打开本书学习资源中的"Ch05 > 素材 > 制作土豆片包装 > 02"文件，选择"移动"工具，将图片拖曳到图像窗口中适当的位置，效果如图5-13所示，在"图层"控制面板中生成新的图层并将其命名为"云"。

图5-13

（10）单击"图层"控制面板下方的"添加图层蒙版"按钮 ▣ ，为"云"图层添加图层蒙版，如图5-14所示。选择"渐变"工具 ■ ，在图片上由上向下拖曳鼠标绘制渐变，效果如图5-15所示。

图5-14　　　　　　　　图5-15

（11）在"图层"控制面板上方，将"云"图层的混合模式选项设为"明度"，"不透明度"选项设为60%，如图5-16所示，效果如图5-17所示。

图5-16　　　　　　　　图5-17

（12）按Ctrl＋O组合键，打开本书学习资源中的"Ch05 > 素材 > 制作土豆片包装 > 03"文件，选择"移动"工具 ▶ ，将图片拖曳到图像窗口中适当的位置，效果如图5-18所示，在"图层"控制面板中生成新的图层并将其命名为"田园"。

图5-18

（13）单击"图层"控制面板下方的"添加图层蒙版"按钮 ▣ ，为"田园"图层添加图层蒙版。将前景色设为黑色。选择"画笔"工具 ✎ ，在属性栏中单击"画笔"选项右侧的 ∙ 按钮，弹出画笔选择面板，选择需要的画笔形状，如图5-19所示。在图像窗口中进行涂抹，擦除不需要的图像，效果如图5-20所示。

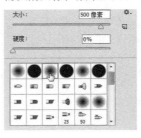

图5-19　　　　　　　　图5-20

（14）新建图层并将其命名为"高光"。将前景色设为黄色（其R、G、B的值分别为255、253、195）。选择"椭圆"工具 ● ，在属性栏的"选择工具模式"选项中选择"像素"，在图像窗口中的适当位置拖曳鼠标绘制图形，效果如图5-21所示。

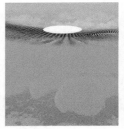

图5-21

（15）选择"滤镜 > 模糊 > 高斯模糊"命令，在弹出的对话框中进行设置，如图5-22所示，单击"确定"按钮，效果如图5-23所示。

图5-22

图5-23

（16）单击"正面"图层组左侧的三角形图标 ▼ ，将"正面"图层组中的图层隐藏。按Ctrl+S组合键，弹出"存储为"对话框，将制作好的图像命名为"土豆片包装正面背景图"，保存为JPEG格式。单击"保存"按钮，弹出"JPEG选项"对话框，再单击"确定"按钮将图像保存。

5.1.2　制作土豆片包装背面背景图

（1）单击"图层"控制面板下方的"创建新组"按钮 ▣ ，生成新的图层组并将其命名为"背面"。在"正面"图层中，按住Ctrl键的同时，选取需要的图层，如图5-24所示，将其拖曳到控制面板下方的"创建新图层"按钮 ▣ 上进行复制，生成新的副本图层，如图5-25所示。将复制的图层拖曳到"背面"图层组中，如图5-26所示，效果如图5-27所示。

图5-24　　　　　　图5-25

图5-26

图5-27

（2）将前景色设为深蓝色（其R、G、B的值分别为1、14、92）。选择"钢笔"工具 ✐ ，在属性栏的"选择工具模式"选项中选择"像素"，在图像窗口中绘制需要的形状，效果如图5-28所示，在"图层"控制面板中生成新的形状图层"形状1"。

图5-28

（3）单击"图层"控制面板下方的"添加图层样式"按钮 fx，在弹出的菜单中选择"渐变叠加"命令，弹出对话框，单击"渐变"选项右侧的"点按可编辑渐变"按钮 ▭ ▾ ，弹出"渐变编辑器"对话框，在"位置"选项中分别输入0、51、100三个位置点，分别设置三个位置点颜色的R、G、B值为0（161、215、47）、51（137、202、0）、100（234、237、255），如图5-29所示，单击"确定"按钮。返回到"渐变叠加"对话框中，其他选项的设置如图5-30所示，单击"确定"按钮，效果如图5-31所示。

图5-29

图5-30

图5-31

（4）将前景色设为绿色（其R、G、B的值分别为161、215、47）。选择"钢笔"工具 ✐ ，在属性栏的"选择工具模式"选项中选择"形状"，在图像窗口中绘制需要的形状，效果

如图5-32所示，在"图层"控制面板中生成新的形状图层"形状2"。使用相同的方法制作"形状3"，效果如图5-33所示。

图5-32

图5-33

（5）在"正面"图层组中，按住Ctrl键的同时，选取需要的图层，如图5-34所示，将其拖曳到"图层"控制面板下方的"创建新图层"按钮 🗔 上进行复制，生成新的副本图层，如图5-35所示。

图5-34

图5-35

（6）将复制的图层拖曳到"背面"图层组中，如图5-36所示。在图像窗口中调整其大小和位置，效果如图5-37所示。保持"图层"的选取状态，单击鼠标右键，在弹出的菜单中选择"创建剪贴蒙版"命令，为选中的图层创建剪贴蒙版，效果如图5-38所示。

图5-36

图5-37

图5-38

（7）单击"背面"图层组左侧的三角形图标▼，将"背面"图层组中的图层隐藏。按Ctrl+S组合键，弹出"存储为"对话框，将制作好的图像命名为"土豆片包装背面背景图"，保存为JPEG格式。单击"保存"按钮，弹出"JPEG选项"对话框，再单击"确定"按钮将图像保存。

Illustrator 应用

5.1.3　绘制土豆片包装正面展开图

（1）打开Illustrator CS6软件，按Ctrl+N组合键，弹出"新建文档"对话框，选项的设置如图5-39所示，单击"确定"按钮，新建一个文档。

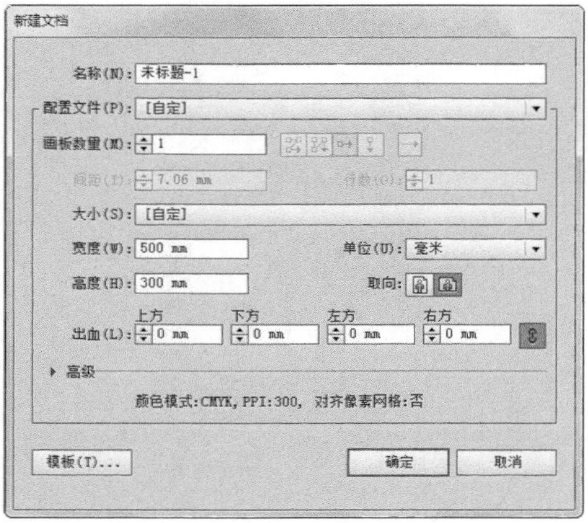

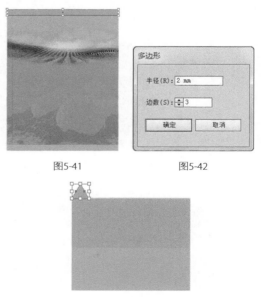
图5-39

（2）选择"文件 > 置入"命令，弹出"置入"对话框，选择本书学习资源中的"Ch05 > 效果 > 制作土豆片包装 > 土豆片包装正面背景图"文件，单击"置入"按钮，将图片置入页面中。在属性中单击"嵌入"按钮，嵌入图片。选择"选择"工具▶，将图片拖曳到适当的位置，效果如图5-40所示。

图5-40

（3）选择"矩形"工具▢，在页面中绘制一个矩形，设置图形填充色为绿色（其CMYK的值分别为45、5、100、0），填充图形，并设置描边色为无，如图5-41所示。选择"多边形"工具◉，在页面中单击鼠标，弹出"多边形"对话框，设置如图5-42所示，单击"确定"按钮，得到一个三角形，如图5-43所示。

图5-41　　　　　　　　图5-42

图5-43

（4）选择"选择"工具▶，按住Alt+Shift组合键的同时，水平向右拖曳三角形到适当的位置，复制三角形，如图5-44所示。连续按Ctrl+D组合键，复制出多个三角形，效果如图5-45所示。将三角形全部选中，如图5-46所示，按Ctrl+G组合键，将其编组。

图5-44

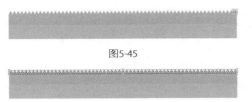

图5-45

图5-46

（5）选择"直线段"工具 ✎ ，按住Shift键的同时，在页面中绘制一条直线，设置描边色为灰色（其CMYK的值分别为0、0、0、15），填充描边，在属性栏中将"描边粗细"选项设置为2pt，按Enter键确认操作，效果如图5-47所示。

图5-47

（6）选择"选择"工具 ▶ ，按住Alt+Shift组合键的同时，垂直向下拖曳直线到适当的位置，复制直线，如图5-48所示。按Ctrl+D组合键，再复制一条直线，效果如图5-49所示。

图5-48

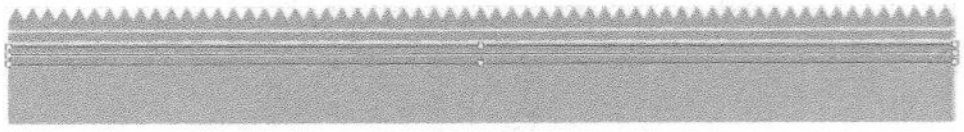

图5-49

（7）选择"选择"工具 ▶ ，按住Shift键的同时，选取需要的图形。按Ctrl+G组合键，将其

编组，效果如图5-50所示。按住Alt+Shift组合键的同时，水平向下拖曳图形到适当的位置，复制图形，效果如图5-51所示。

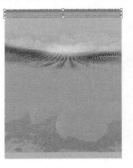

图5-50　　　　　　　　图5-51

（8）双击"旋转"工具 ◌ ，弹出"旋转"对话框，选项的设置如图5-52所示，单击"确定"按钮，效果如图5-53所示。

图5-52

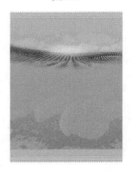

图5-53

5.1.4　制作产品名称

（1）选择"文件＞置入"命令，弹出"置入"对话框，选择本书学习资源中的"CH05＞素材＞制作土豆片包装＞04"文件，单击"置入"按钮，将文字置入页面中。选择"选择"工具 ▶ ，

将文字拖曳到适当的位置，并调整其大小，效果如图5-54所示。设置文字填充色为红色（其CMYK的值分别为0、100、100、30），填充文字；设置描边色为白色，在属性栏中将"描边粗细"选项设为3pt，按Enter键确认操作，效果如图5-55所示。用相同的方法添加其他文字，并填充适当的颜色，效果如图5-56所示。

（2）选择"选择"工具，选取需要的文字，按Shift+Ctrl+O组合键，将文字转化为轮廓，效果如图5-57所示。按Ctrl+G组合键，将选取的文字编组。

图5-54　　　　　图5-55

图5-56　　　　　图5-57

（3）按Ctrl+C组合键，将选取的文字复制，按Ctrl+F组合键，将复制的文字粘贴在前面。将文字填充色和描边色均设为白色，在属性栏中将"描边粗细"选项设置为5pt，按Enter键确认操作，效果如图5-58所示。

图5-58

（4）选择"效果 > 模糊 > 高斯模糊"命令，在弹出的对话框中进行设置，如图5-59所示，单击"确定"按钮，效果如图5-60所示。按Ctrl+ [组合键，将图形后移一层，效果如图5-61所示。

图5-59

图5-60　　　　　图5-61

（5）选择"钢笔"工具，在页面中绘制一个不规则图形，设置图形填充色为红色（其CMYK的值分别为0、100、100、0），填充图形，并设置描边色为无，效果如图5-62所示。

（6）选择"文字"工具，在适当的位置输入需要的文字。选择"选择"工具，在属性栏中选择合适的字体并设置文字大小。将输入的文字同时选取，填充文字为白色，效果如图5-63所示。

图5-62　　　　　图5-63

（7）选择"选择"工具，按住Shift键的同时，选取需要的图形和文字，按Ctrl+G组合键，将选取的文字编组，效果如图5-64所示。

图5-64

（8）选择"文字"工具，在适当的位置输入需要的文字。选择"选择"工具，在属性栏中选择合适的字体并设置文字大小，设置文字填充色为橘黄色（其CMYK的值分别为0、35、100、0），填充文字，效果如图5-65所示。

图5-65

（9）选择"效果 > 变形 > 上升"命令，在弹出的对话框中进行设置，如图5-66所示，单击"确定"按钮，效果如图5-67所示。

图5-66

图5-67

（10）选择"对象 > 扩展外观"命令，效果如图5-68所示。按Ctrl+C组合键，将选取的文字复制，按Ctrl+F组合键，将复制的文字粘贴在前面。设置文字描边色为白色，在属性栏中将"描边粗细"选项设置为5pt，按Enter键确认操作，效果如图5-69所示。

图5-68　　　　　　　　图5-69

（11）选择"效果 > 模糊 > 高斯模糊"命令，在弹出的对话框中进行设置，如图5-70所示，

单击"确定"按钮，效果如图5-71所示。按Ctrl+ [组合键，将图形后移一层，效果如图5-72所示。

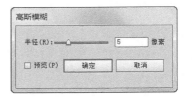

图5-70

图5-71　　　　　　　　图5-72

5.1.5　制作标志及其他相关信息

（1）选择"矩形"工具■，在页面中绘制一个矩形，设置图形填充色为灰色（其CMYK的值分别为10、10、5、40），填充图形，并设置描边色为无，效果如图5-73所示。选择"直接选择"工具▶，选取右下角的节点，将其向上拖曳到适当的位置，效果如图5-74所示。

图5-73　　　　　　　　图5-74

（2）选择"效果 > 纹理 > 纹理化"命令，在弹出的对话框中进行设置，如图5-75所示，单击"确定"按钮，效果如图5-76所示。

（3）选择"文件 > 置入"命令，弹出"置入"对话框，选择本书学习资源中的"Ch05 > 素材 > 制作土豆片包装 > 07"文件，单击"置入"按钮，将图片置入页面中。单击属性栏中的"嵌入"按钮，嵌入图片。选择"选择"工具▶，将图片拖曳到适当的位置并调整其大小，效果如图5-77所示。

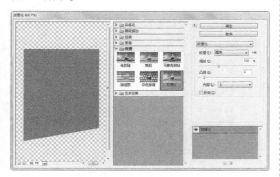

图5-75

图5-76   图5-77

（4）选择"文字"工具 T，在适当的位置分别输入需要的文字，选择"选择"工具 ，在属性栏中分别选择合适的字体并设置文字大小，效果如图5-78所示。

（5）选择"选择"工具 ，按住Shift键的同时，选取输入的文字，如图5-79所示。双击"旋转"工具 ，弹出"旋转"对话框，选项的设置如图5-80所示，单击"确定"按钮，效果如图5-81所示。

图5-78   图5-79

图5-80

图5-81

（6）选择"文件 > 置入"命令，弹出"置入"对话框，选择本书学习资源中的"Ch05 > 素材 > 制作土豆片包装 > 08、09、10、11"文件，单击"置入"按钮，分别将图片置入页面中。在属性栏中单击"嵌入"按钮，嵌入图片。将图片拖曳到适当的位置并调整其大小，调整图片顺序，效果如图5-82所示。选择"矩形"工具 ，在页面中绘制一个矩形，如图5-83所示。

图5-82   图5-83

（7）选择"选择"工具 ，按住Shift键的同时，选中矩形和需要的图形，如图5-84所示。按Ctrl+7组合键，建立剪切蒙版，效果如图5-85所示。

图5-84   图5-85

（8）选择"文字"工具 T ，在适当的位置输
入需要的文字，选择"选择"工具 ，在属性栏
中选择合适的字体并设置文字大小，填充文字为白
色，效果如图5-86所示。用相同的方法添加其他文
字，并设置适当的字体和颜色，效果如图5-87所示。

图5-86   图5-87

5.1.6 制作土豆片包装背面展开图

（1）选择"文件 > 置入"命令，弹出"置
入"对话框，选择本书学习资源中的"Ch05 > 效
果 > 制作土豆片包装 > 土豆片包装背面背景图"
文件，单击"置入"按钮，将图片置入页面中。
在属性栏中单击"嵌入"按钮，嵌入图片。选择
"选择"工具 ，将图片拖曳到适当的位置，效
果如图5-88所示。

图5-88

（2）选择"选择"工具 ，按住Shift键的
同时，选取需要的图形，如图5-89所示。按住
Alt+Shift组合键的同时，水平向右拖曳图形到适
当的位置，复制图形，如图5-90所示。使用相同
的方法复制其他文字和图形，拖曳到适当的位置
并调整其大小，效果如图5-91所示。

图5-89

图5-90

图5-91

（3）选择"矩形"工
具 ，在页面中绘制一个
矩形，填充图形为白色，
并设置描边色为褐色（其
CMYK的值分别为0、55、
100、50），填充描边，在
属性栏中将"描边粗细"
选项设置为4pt，按Enter
键确认操作，效果如图5-92所示。

图5-92

（4）选择"文字"工具，在适当的位置分别输入需要的文字，选择"选择"工具，在属性栏中分别选择合适的字体并设置文字大小，效果如图5-93所示。选择"矩形网格"工具，在页面中单击鼠标，弹出"矩形网格工具选项"对话框，设置如图5-94所示，单击"确定"按钮，得到一个矩形网格，如图5-95所示。

图5-93

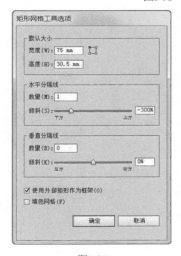

图5-94

图5-95

（5）选择"文字"工具T，在适当的位置分别输入需要的文字，选择"选择"工具，在属性栏中分别选择合适的字体并设置文字大小，效果如图5-96所示。用相同的方法添加其他文字，效果如图5-97所示。选择需要的文字，如图5-98所示，在属性栏中单击"右对齐"按钮，效果如图5-99所示。

图5-96

图5-97

图5-98

图5-99

（6）选择"选择"工具，按住Shift键的同时，选取需要的文字，如图5-100所示。按Ctrl+T组合键，弹出"字符"控制面板，将"设置行距"选项设为12pt，如图5-101所示，按Enter键确认操作，取消文字选取状态，效果如图5-102所示。

图5-100

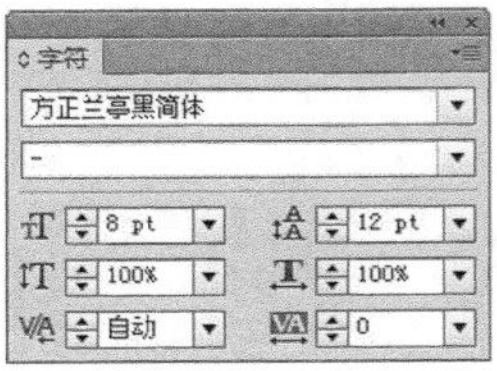

图5-101

图5-102

置，效果如图5-107所示。

图5-106

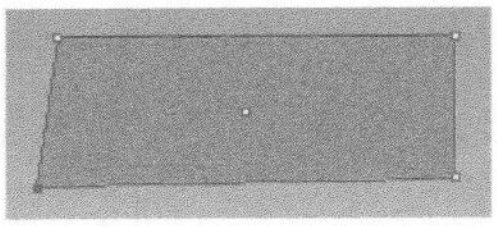

图5-107

（7）选择"文字"工具 T ，在适当的位置输入需要的文字，选择"选择"工具 ，在属性栏中选择合适的字体并设置文字大小。按住Shift键的同时，选取需要的文字，如图5-103所示。在"字符"控制面板中将"设置行距"选项 设为10pt，如图5-104所示，按Enter键确认操作，效果如图5-105所示。

图5-103

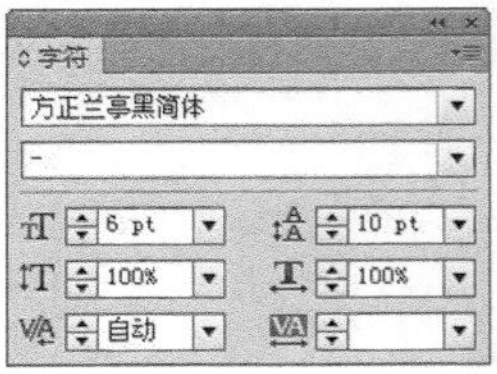

（9）选择"效果 > 纹理 > 纹理化"命令，在弹出的对话框中进行设置，如图5-108所示，单击"确定"按钮，效果如图5-109所示。

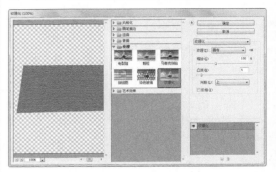

图5-108

图5-109

图5-104

图5-105

（8）选择"矩形"工具 ，在页面中绘制一个矩形，设置图形填充色为灰色（其CMYK的值分别为10、10、5、40），填充图形，并设置描边色为无，如图5-106所示。选择"直接选择"工具 ，分别选取需要的节点并将其拖曳到适当的位

（10）选择"文字"工具 T ，在适当的位置分别输入需要的文字，选择"选择"工具 ，在属性栏中分别选择合适的字体并设置文字大小，效果如图5-110所示。按住Shift键的同时，将图形与文字同时选取，并调整到适当的角度，效果如图5-111所示。

图5-110

图5-111

（11）选择"文件 > 置入"命令，弹出"置入"对话框，选择本书学习资源中的"Ch05 > 素材 > 制作土豆片包装 > 07、08、09、10"文件，单击"置入"按钮，分别将图片置入页面中。单击属性栏中的"嵌入"按钮，嵌入图片。选择"选择"工具，将图片分别拖曳到适当的位置并调整其大小和顺序，效果如图5-112所示。

（12）选择"矩形"工具，在页面中绘制一个矩形，如图5-113所示。选择"选择"工具，按住Shift键的同时，选中矩形和图片，如图5-114所示。按Ctrl+7组合键，创建剪切蒙版，效果如图5-115所示。

图5-112

图5-113

图5-114

图5-115

（13）选择"文字"工具，在适当的位置输入需要的文字，选择"选择"工具，在属性栏中分别选择合适的字体并设置文字大小，填充文字为白色，效果如图5-116所示。将文字调整到适当的角度，效果如图5-117所示。

图5-116

图5-117

（14）选择"矩形"工具，在页面中绘制一个矩形，填充图形为白色，并设置描边色为无，如图5-118所示。选择"文件 > 置入"命令，弹出"置入"对话框，选择本书学习资源中的"Ch05 > 素材 > 制作土豆片包装 > 01"文件，单击"置入"按钮，将图片置入页面中。单击属性栏中的"嵌入"按钮，嵌入图片。选择"选择"工具，拖曳图片到适当的位置并调整其大小，效果如图5-119所示。

图5-118

图5-119

（15）选择"矩形"工具，在页面中绘制一个矩形，如图5-120所示。选择"选择"工具，按住Shift键的同时，选中矩形和图片，如图5-121所示。按Ctrl+7组合键，创建剪切蒙版，效果如图5-122所示。

图5-120

图5-121   图5-122

（16）选择"选择"工具 ▶，按住Shift键的同时，将矩形与图片同时选取，并调整到适当的角度，效果如图5-123所示。

（17）选择"文字"工具 T，在适当的位置输入需要的文字，选择"选择"工具 ▶，在属性栏中选择合适的字体并设置文字大小，设置文字填充色为红色（其CMYK的值分别为0、100、100、20），填充文字，效果如图5-124所示。

图5-123   图5-124

（18）按Ctrl+C组合键，复制图形，按Ctrl+F组合键，将复制的图形原位粘贴。按Shift+Ctrl+O组合键，创建文字轮廓，如图5-125所示。将文字填充色和描边色均设为白色，在属性栏中将"描边粗细"选项设置为5pt，按Enter键确认操作，效果如图5-126所示。

图5-125   图5-126

（19）选择"效果 > 模糊 > 高斯模糊"命令，在弹出的对话框中进行设置，如图5-127所示，单击"确定"按钮，效果如图5-128所示。按Ctrl+ [组合键，将图形后移一层，效果如图5-129所示。将图形和文字同时选取，并调整到适当的角度，效果如图5-130所示。

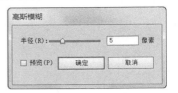

图5-127

图5-128   图5-129

图5-130

5.1.7 预留条码位置

（1）选择"矩形"工具 ▢，在适当的位置绘制一个矩形，填充图形为白色，并设置描边色为无，效果如图5-131所示。

（2）选择"文字"工具 T，在适当的位置输入需要的文字，选择"选择"工具 ▶，在属性栏中选择合适的字体并设置文字大小，效果如图5-132所示。

图5-131   图5-132

（3）土豆片包装展开图制作完成，效果如图5-133所示。选择"文件 > 导出"命令，弹出"导出"对话框，将其命名为"土豆片包装展开图"，保存为PNG格式。单击"导出"按钮，弹出"PNG选项"对话框，单击"确定"按钮，导出为PNG格式。

图5-133

Photoshop 应用

5.1.8 制作土豆片包装立体效果

（1）按Ctrl＋N组合键，新建一个文件，宽度为20厘米，高度为26.5厘米，分辨率为300像素/英寸，颜色模式为RGB，背景内容为透明色。

（2）将前景色设为浅绿色（其R、G、B的值分别为161、215、47）。选择"钢笔"工具 ，在属性栏的"选择工具模式"选项中选择"路径"，在图像窗口中分别绘制需要的路径，如图5-134所示。按Ctrl+Enter组合键，将路径转换为选区。按Alt+Delete组合键，用前景色填充选区。按Ctrl+D组合键，取消选区，效果如图5-135所示。

图5-134　　　　　图5-135

（3）按Ctrl+O组合键，打开本书学习资源中的"Ch05 > 效果 > 制作土豆片包装 > 土豆片包装展开图"文件。选择"矩形选框"工具 ，在图像窗口中绘制出需要的选区，如图5-136所示。

（4）选择"移动"工具 ，将选区中的图像拖曳到新建的图像窗口中，在"图层"控制面板中生成新的图层并将其命名为"正面"，效果如图5-137所示。

图5-136

图5-137

（5）选择"滤镜 > 液化"命令，弹出"液化"对话框，选择"向前变形"工具 ，按] 键，适当调整画笔大小，在预览图中向前或向后推拉，将图片变形，如图5-138所示，单击"确定"按钮，效果如图5-139所示。

图5-138

图5-139

（6）在"图层"控制面板中，按住Alt键的同时，将光标放在"正面"图层和"图层0"图层的中间，光标变为↓□图标，单击鼠标左键创建剪贴蒙版，效果如图5-140所示。

（7）按Ctrl+O组合键，打开本书学习资源中的"Ch05 > 素材 > 制作土豆片包装 > 12"文件，选择"移动"工具，将图片拖曳到图像窗口中适当的位置，效果如图5-141所示，在"图层"控制面板中生成新的图层并将其命名为"阴影与高光"。

图5-140　　　　图5-141

（8）在"图层"控制面板中，按住Alt键的同时，将光标放在"正面"图层和"阴影与高光"图层的中间，光标变为↓□图标，单击鼠标左键创建剪贴蒙版，效果如图5-142所示。

（9）新建图层并将其命名为"线条"。将前景色设为灰色（其R、

图5-142

G、B的值分别为85、95、103）。选择"直线"工具，在属性栏的"选择工具模式"选项中选择"像素"，将"粗细"选项设为10px，按住Shift键的同时，在适当的位置拖曳光标绘制多条直线，效果如图5-143所示。按Ctrl+Alt+Shift+E组合键，将每个图层中的图像复制并合并到一个新的图层中，并将其命名为"正面"，如图5-144所示。

图5-143　　　　　　　　图5-144

（10）在"土豆片包装展开图"文件中，选择"矩形选框"工具，在图像窗口中绘制出需要的选区，如图5-145所示。选择"移动"工具，将选区中的图像拖曳到新建的图像窗口中，在"图层"控制面板中生成新的图层并将其命名为"背面"，效果如图5-146所示。

图5-145

图5-146

（11）拖曳"背面"图层到"阴影与高光"图层的下面，如图5-147所示，单击最上面"正面"图层左侧的眼睛图标 👁，将"正面"图层隐藏，如图5-148所示。

图5-147　　　　　　图5-148

（12）选择"滤镜 > 液化"命令，弹出"液化"对话框，选择"向前变形"工具 👆，按] 键，适当调整画笔大小，在预览图中向前或向后推拉，将图片变形，如图5-149所示，单击"确定"按钮，效果如图5-150所示。

图5-149

图5-150

（13）选择"线条"图层，按Ctrl+Alt+Shift+E组合键，将每个图层中的图像复制并合并到一个新的图层中，命名为"背面"，如图5-151所示，效果如图5-152所示。

图5-151　　　　　　图5-152

（14）土豆片包装立体效果绘制完成。按Ctrl+S组合键，弹出"存储为"对话框，将制作好的图像命名为"土豆片包装立体效果"，保存为PSD格式，单击"保存"按钮，保存文件。

5.1.9　制作土豆片包装立体展示图

（1）按Ctrl＋O组合键，打开本书学习资源中的"Ch05 > 素材 > 制作土豆片包装 > 13"文件，如图5-153所示。选择"矩形"工具 ▣，在属性栏中将"填充"设为黑色，"描边"设为无，在图像窗口中绘制一个矩形，如图5-154所示。在"图层"控制面板中生成新的形状图层"矩形1"。

图5-153　　　　　　图5-154

（2）在"图层"控制面板上方，将"矩形1"图层的"不透明度"选项设为5%，如图5-155所示，图像效果如图5-156所示。

图5-155　　　　　　　　图5-156

（3）选择"土豆片包装立体效果"文件。选中"正面"图层，选择"移动"工具 ，将图片拖曳到图像窗口中适当的位置，并调整其大小，效果如图5-157所示。

图5-157

（4）单击"图层"控制面板下方的"添加图层样式"按钮 ，在弹出的菜单中选择"投影"命令，在弹出的对话框中进行设置，如图5-158所示；单击"确定"按钮，效果如图5-159所示。

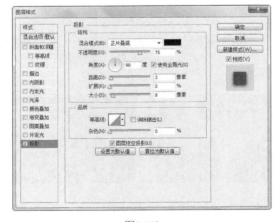

图5-158

图5-159

（5）选择"土豆片包装立体效果"文件。选中"背面"图层，选择"移动"工具 ，将图片拖曳到图像窗口中适当的位置，并调整其大小，效果如图5-160所示。

（6）在"正面"图层上单击鼠标右键，在弹出的菜单中选择"拷贝图层样式"命令。在"背面"图层上单击鼠标右键，在弹出的菜单中选择"粘贴图层样式"命令，效果如图5-161所示。

图5-160　　　　　　　图5-161

（7）单击"图层"控制面板下方的"创建新的填充或调整图层"按钮 ，在弹出的菜单中选择"色相/饱和度"命令，在"图层"控制面板中生成"色相/饱和度1"图层，同时在弹出的"色相/饱和度"面板中进行设置，如图5-162所示；按Enter键确定操作，图像效果如图5-163所示。

图5-162　　　　　　　图5-163

（8）单击"图层"控制面板下方的"创建新的填充或调整图层"按钮 ◎.，在弹出的菜单中选择"色阶"命令，在"图层"控制面板中生成"色阶1"图层，同时在弹出的"色阶"面板中进行设置，如图5-164所示；按Enter键确定操作，图像效果如图5-165所示。

图5-164　　　　　　　图5-165

（9）按Ctrl＋O组合键，打开本书学习资源中的"Ch05 > 素材 > 制作土豆片包装 > 06、08"文件，选择"移动"工具 ⊕，将图片拖曳到图像窗口中适当的位置，效果如图5-166所示，在"图层"控制面板中分别生成新的图层并将其命名为"土豆"和"薯片"。

图5-166

（10）新建图层并将其命名为"投影"。将前景色设为黑色。选择"画笔"工具 ✓，在属性栏中单击"画笔"选项右侧的按钮 ·，弹出画笔选择面板，在面板中选择需要的画笔形状，如图5-167所示。在属性栏中将"不透明度"选项设为84%，"流量"选项设为85%，在图像窗口中拖曳光标进行涂抹，效果如图5-168所示。

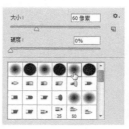 

图5-167　　　　　　　图5-168

（11）在"图层"控制面板中，将"投影"图层拖曳到"土豆"图层的下方，如图5-169所示，图像效果如图5-170所示。土豆片包装立体展示图制作完成。

图5-169　　　　　　　图5-170

（12）按Ctrl＋S组合键，弹出"存储为"对话框，将制作好的图像命名为"土豆片包装立体展示图"，保存为psd格式。单击"保存"按钮，弹出"psd选项"对话框，单击"确定"按钮，将图像保存。

【习题知识要点】在Photoshop中，使用添加图层蒙版按钮和画笔工具制作背景效果，使用添加图层样式按钮和创建新的填充或调整图层命令制作比萨封面效果，使用变换命令制作比萨立体包装效果；在CorelDRAW中，使用矩形工具、椭圆形工具、钢笔工具、形状工具、贝塞尔工具和合并命令绘制比萨包装盒展开图，使用图框精确剪裁命令添加产品图片，使用文本工具、封套工具制作文字效果，使用描摹位图命令和移除前面对象命令制作产品名称。比萨包装展开图和立体效果如图5-171所示。

【效果所在位置】Ch05/效果/制作比萨包装/比萨包装展开图.cdr、比萨包装立体效果.psd。

图5-171

读者福利卡

您关心的问题，我们帮您解决！

1
海量资源包
超100GB学习+设计资源

- 160+商用字体
- 600+本电子书
- 1300+设计素材
- 500+个视频教程
- 1000+模板文件 ……

2
公开课

大咖经验分享
职业规划解读
免费教程学习

3
新书首享官
GET免费得新书的机会

4
大咖导师
倾情传授行业实战经验

5
会员福利
无套路 超值福利

6
读者圈
高质量图书学习交流圈

数艺设

好书·好课·数艺设

回复51 页的 5 位数字领取福利

服务获取方式：微信扫描二维码，关注"数艺设"订阅号。

服务时间：周一至周五(法定节假日除外)

上午：10:00-12:00　下午：13:00-20:00

第 *6* 章

淘宝网店设计

本章介绍

　　网店是电子商务的一种形式，为人们提供不在实体店也能够浏览并购买心仪物品的途径，且能够通过各种在线支付手段进行支付并完成交易。本章以化妆品类网店首页的设计与制作为例，讲解化妆品网页首页的设计方法和制作技巧。

学习目标

◆ 在Illustrator软件中制作标志。
◆ 在Photoshop软件中制作网页首页。

技能目标

◆ 掌握"化妆品网页首页"的制作方法。
◆ 掌握"女装网页首页"的制作方法。

【案例学习目标】在Illustrator中，学习使用文字工具、字符控制面板、椭圆工具、直接选择工具、旋转工具和透明度控制面板制作化妆品标志；在Photoshop中，学习使用绘图工具、文字工具、图层控制面板和色相/饱和度制作化妆品网页首页。

【案例知识要点】在Illustrator中，使用文字工具、字符控制面板添加标志文字，使用椭圆工具、直接选择工具制作装饰图形；使用旋转工具旋转图形，使用混合模式选项为图形添加叠加效果。在Photoshop中，使用置入命令置入标志图形；使用直线工具、圆角矩形工具、自定形状工具、横排文字工具制作店招和导航条，使用画笔工具、渐变工具、图层控制面板、亮度/对比度命令和色相/饱和度命令制作首页海报；使用矩形工具、横排文字工具、自定形状工具制作代金券，使用矩形工具、直线工具、椭圆工具、画笔工具和图层控制面板制作商品陈列区、收藏区、客户区和页尾。化妆品网页首页效果如图6-1所示。

【效果所在位置】Ch06/效果/制作化妆品网页首页/化妆品网页首页.psd。

图6-1

Illustrator 应用

6.1.1 制作标志

（1）按Ctrl+N组合键，新建一个文档，设置文档的宽度为297 mm，高度为210 mm，取向为横向，颜色模式为RGB，单击"确定"按钮。

（2）选择"文字"工具 T ，在页面中输入需要的文字。选择"选择"工具 ▶ ，在属性栏中选择合适的字体并设置文字大小，效果如图6-2所示。

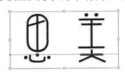

图6-2

（3）按Ctrl+T组合键，弹出"字符"控制面板，将"设置所选字符的字距调整" VA 选项设为-300，其他选项的设置如图6-3所示，按Enter键确认操作，效果如图6-4所示。

图6-3 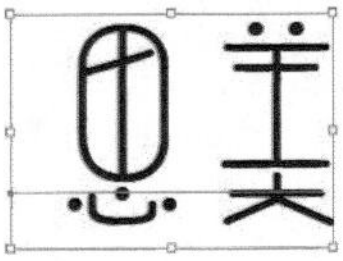　　　　　　　　　图6-4

（4）选择"文字"工具 T ，在"思美"文字左侧输入需要的英文文字。选择"选择"工具 ▶ ，在属性栏中选择合适的字体并设置文字大小，效果如图6-5所示。选择"文字"工具 T ，选取英文"MEI"，设置文字填充色为洋红色（其R、G、B的值分别为232、83、130），填充文字，效果如图6-6所示。

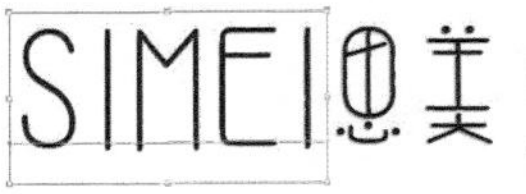

图6-5 　　　　　　　　　图6-6

（5）选择"椭圆"工具，在页面外单击鼠标，弹出"椭圆"对话框，在对话框中进行设置，如图6-7所示，单击"确定"按钮，得到一个椭圆形，如图6-8所示。

图6-7　　　　　　图6-8

（6）选择"直接选择"工具，用圈选的方法选取需要的节点，如图6-9所示。按Shift+↓组合键，调整节点的位置，效果如图6-10所示。

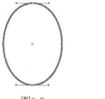

图6-9　　　　　　图6-10

（7）选择"选择"工具，将椭圆形拖曳到页面中适当的位置，设置图形填充色为洋红色（其R、G、B的值分别为232、83、130），填充图形，并设置描边颜色为无，效果如图6-11所示。

图6-11

（8）双击"旋转"工具，弹出"旋转"对话框，选项的设置如图6-12所示，单击"确定"按钮，旋转图形，效果如图6-13所示。

图6-12

图6-13

（9）双击"旋转"工具，弹出"旋转"对话框，选项的设置如图6-14所示，单击"复制"按钮，复制并旋转图形，效果如图6-15所示。

（10）选择"选择"工具，向右拖曳椭圆形到适当的位置，并调整其大小，效果如图6-16所示。选择"窗口 > 透明度"命令，弹出"透明度"控制面板，将混合模式选项设为"正片叠底"，如图6-17所示，效果如图6-18所示。

图6-14

图6-15　　　　　　图6-16

图6-17　　　　　　图6-18

（11）化妆品标志制作完成，效果如图6-19所示。选择"文件 > 导出"命令，弹出"导出"对话框，将其命名为"化妆品标志"，保存为PNG格式。单击"导出"按钮，弹出"导出到PNG"对话框，单击"确定"按钮，导出为PNG格式。

SIMEI思美

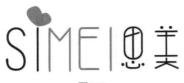

图6-19

Photoshop 应用

6.1.2 制作店招和导航条

（1）按Ctrl+N组合键，新建一个文件，宽度为1920像素，高度为6200像素，分辨率为72像素/英寸，颜色模式为RGB，背景内容为白色，单击“确定”按钮。

（2）新建图层组并将其命名为“店招和导航条”。将前景色设为红色（其R、G、B的值分别为206、0、23）。选择“直线”工具，在属性栏的“选择工具模式”选项中选择“形状”，将“粗细”选项设为4像素，按住Shift键的同时，在图像窗口中绘制一条直线，如图6-20所示。在“图层”控制面板中生成新的形状图层并将其命名为“导航条”。

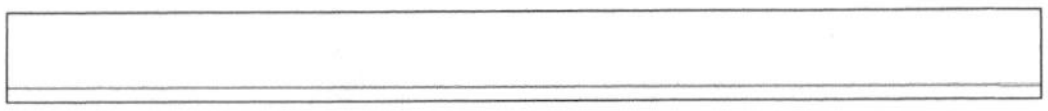

图6-20

（3）选择“文件 > 置入”命令，弹出“置入”对话框，选择本书学习资源中的“Ch06 > 效果 > 制作化妆品网页首页 > 化妆品标志”文件，单击“置入”按钮，置入图片，然后将其拖曳到适当的位置，并调整大小，效果如图6-21所示。

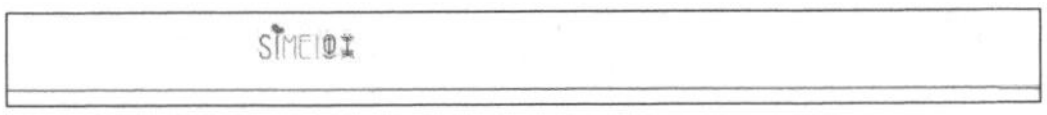

图6-21

（4）将前景色设为黑色。选择“横排文字”工具，在适当的位置分别输入需要的文字并选取文字，在属性栏中选择合适的字体并设置大小，效果如图6-22所示，在“图层”控制面板中生成新的文字图层。

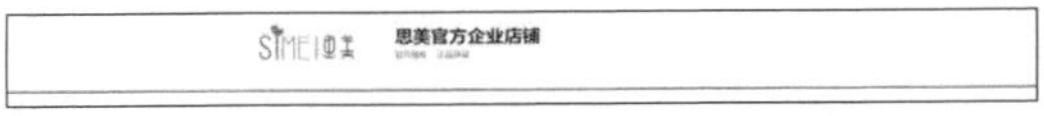

图6-22

（5）选择“直线”工具，在属性栏中将“粗细”选项设为1像素，按住Shift键的同时，在图像窗口中绘制竖线，效果如图6-23所示。

（6）选择“圆角矩形”工具，在属性栏的“选择工具模式”选项中选择“形状”，将“填充”颜色设为红色（其R、G、B的值分别为206、0、23），“描边”颜色设为无，“半径”选项设为8.5像素，在图像窗口中绘制一个圆角矩形，效果如图6-24所示。

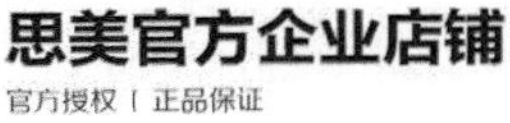
思美官方企业店铺
官方授权 | 正品保证

图6-23

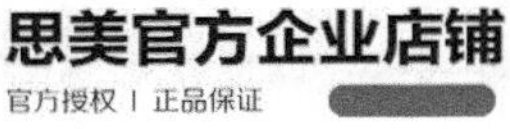
思美官方企业店铺
官方授权 | 正品保证

图6-24

（7）将前景色设为白色。选择“自定形状”工具，单击“形状”选项右侧的按钮，弹出“形状”面板，在“形状”面板中选择需要的形状，如图6-25所示。在图像窗口中拖曳鼠标绘制图形，如图6-26所示。

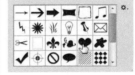

图6-25

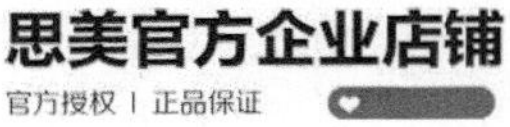
思美官方企业店铺
官方授权 | 正品保证

图6-26

（8）选择“横排文字”工具，在适当的位置输入需要的文字并选取文字，在属性栏中选择合适的字体并设置大小，效果如图6-27所示，在“图层”控制面板中生成新的文字图层。

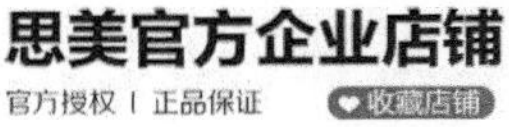
思美官方企业店铺
官方授权 | 正品保证
收藏店铺

图6-27

（9）按Ctrl+O组合键，打开本书学习资源中的“Ch06 > 素材 > 制作化妆品网页首页 > 01”文件，选择“移动”工具，将图片拖曳到图像窗口中适当的位置并调整大小，效果如图6-28所示，在“图层”控制面板中生成新图层并将其命名为"化妆品"。

图6-28

（10）将前景色设为黑色。选择"横排文字"工具 T，在适当的位置输入需要的文字并选取文字，在属性栏中选择合适的字体并设置大小，按Alt+向左方向键，适当地调整文字间距，效果如图6-29所示，在"图层"控制面板中生成新的文字图层。

图6-29

（11）选择"矩形"工具 ▣，在属性栏的"选择工具模式"选项中选择"形状"，将"填充"颜色设为红色（其R、G、B的值分别为206、0、23），"描边"颜色设为无，在图像窗口中绘制一个矩形，效果如图6-30所示。

（12）将前景色设为白色。选择"横排文字"工具 T，在适当的位置输入需要的文字并选取文字，在属性栏中选择合适的字体并设置大小，按Alt+向左方向键，适当地调整文字间距，效果如图6-31所示，在"图层"控制面板中生成新的文字图层。

图6-30   图6-31

（13）将前景色设为黑色。在适当的位置输入需要的文字并选取文字，在属性栏中选择合适的字体并设置大小，效果如图6-32所示，在"图层"控制面板中生成新的文字图层。

图6-32

6.1.3 制作首页海报

（1）单击"店招和导航条"图层组左侧的三角形图标 ▼，将"店招和导航条"图层组中的图层隐藏。单击"图层"控制面板下方的"创建新组"按钮 ▢，生成新的图层组并将其命名为"首页海报"。

（2）将前景色设为粉色（其R、G、B的值分别为247、176、194）。选择"矩形"工具 ▣，在图像窗口中绘制矩形，如图6-33所示。

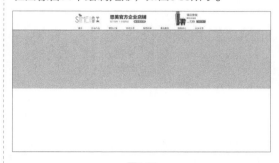

图6-33

（3）按Ctrl+O组合键，打开本书学习资源中的"Ch06 > 素材 > 制作化妆品网页首页 > 02"文件，选择"移动"工具 ▸+，将图片拖曳到图像窗口中适当的位置并调整大小，效果如图6-34所示，在"图层"控制面板中生成新图层并将其命名为"素材"。

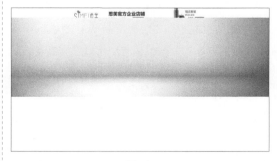

图6-34

（4）按Ctrl+Alt+G组合键，为"素材"图层创建剪贴蒙版，图像效果如图6-35所示。新建图层组并将其命名为"化妆品效果"。按Ctrl+O组合键，打开本书学习资源中的"Ch06 > 素

材 > 制作化妆品网页首页 > 03、04"文件，选择"移动"工具 [icon]，分别将图片拖曳到图像窗口中适当的位置并调整大小，效果如图6-36所示，在"图层"控制面板中生成新图层并将其分别命名为"玫瑰花"和"化妆品2"。

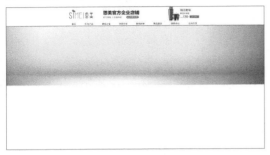

图6-35

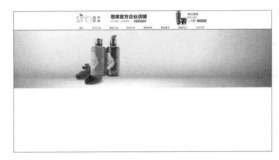

图6-36

（5）将"化妆品2"图层拖曳到"图层"控制面板下方的"创建新图层"按钮 [icon] 上进行复制，生成新的图层"化妆品2副本"。按Ctrl+T组合键，图像周围出现变换框，在变换框中单击鼠标右键，在弹出的菜单中选择"垂直翻转"命令，将图片垂直翻转并拖曳到适当的位置，按Enter键确认操作，效果如图6-37所示。

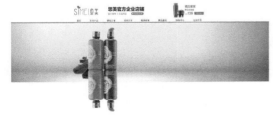

图6-37

（6）选择"图像 > 调整 > 亮度/对比度"

命令，在弹出的对话框中进行设置，如图6-38所示，单击"确定"按钮，效果如图6-39所示。

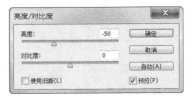

图6-38

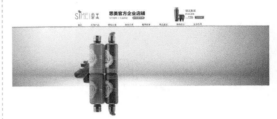

图6-39

（7）在"图层"控制面板中，将"化妆品2副本"图层拖曳到"化妆品2"图层的下方，图像效果如图6-40所示。

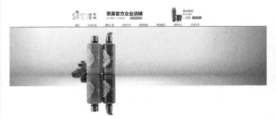

图6-40

（8）单击"图层"控制面板下方的"添加图层蒙版"按钮 [icon]，为"化妆品2副本"图层添加图层蒙版，如图6-41所示。选择"渐变"工具 [icon]，单击属性栏中的"点按可编辑渐变"按钮 [icon]，弹出"渐变编辑器"对话框，将渐变色设为黑色到白色，按住Shift键的同时，在图像窗口中拖曳鼠标填充渐变色，效果如图6-42所示。

图6-41

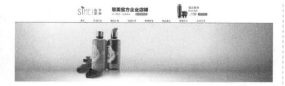

图6-42

（9）新建图层组并将其命名为"水"。按Ctrl+O组合键，打开本书学习资源中的"Ch06 > 素材 > 制作化妆品网页首页 > 05"文件，选择"移动"工具，将图片拖曳到图像窗口中适当的位置，并调整其大小，效果如图6-43所示，在"图层"控制面板中生成新图层并将其命名为"水花1"。

图6-43

（10）在"图层"控制面板上方，将"水花1"图层的混合模式选项设为"线性加深"，图像效果如图6-44所示。

图6-44

（11）按Ctrl+O组合键，打开本书学习资源中的"Ch06 > 素材 > 制作化妆品网页首页 > 06"文件，选择"移动"工具，将图片拖曳到图像窗口中适当的位置并调整大小，效果如图6-45所示，在"图层"控制面板中生成新图层并将其命名为"水花2"。

图6-45

（12）在"图层"控制面板上方，将"水花2"图层的混合模式选项设为"正片叠底"，图像效果如图6-46所示。

图6-46

（13）单击"图层"控制面板下方的"添加图层蒙版"按钮，为"水花2"图层添加图层蒙版。将前景色设为黑色。选择"画笔"工具，在图像窗口中拖曳鼠标擦除不需要的图像，效果如图6-47所示。

图6-47

（14）按Ctrl+O组合键，打开本书学习资源中的"Ch06 > 素材 > 制作化妆品网页首页 > 07"文件，选择"移动"工具，将图片拖曳到图像窗口中适当的位置并调整大小，效果如图6-48所示，在"图层"控制面板中生成新图层并将其命名为"水花3"。

图6-48

（15）选择"魔棒"工具，在属性栏中将"容差"选项的数值设为15，在图像窗口中的白色背景区域单击，图像周围生成选区，如图6-49所示。按Delete键，将所选区域删除，按Ctrl+D组合键，取消选区，效果如图6-50所示。

图6-49

图6-50

（16）单击"图层"控制面板下方的"添加图层蒙版"按钮![icon]，为"水花3"图层添加图层蒙版。将前景色设为黑色。选择"画笔"工具![icon]，在属性栏中单击"画笔"选项右侧的![icon]按钮，在弹出的面板中选择需要的画笔形状，如图6-51所示，在图像窗口中拖曳鼠标擦除不需要的图像，效果如图6-52所示。

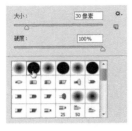

图6-51   图6-52

（17）按Ctrl+O组合键，打开本书学习资源中的"Ch06 > 素材 > 制作化妆品网页首页 > 08"文件，选择"移动"工具![icon]，将图片拖曳到图像窗口中适当的位置并调整大小，效果如图6-53所示，在"图层"控制面板中生成新图层并将其命名为"水花4"。在"图层"控制面板中将"水花4"图层的混合模式选项设为"变暗"，图像效果如图6-54所示。

（18）单击"图层"控制面板下方的"添加图层蒙版"按钮![icon]，为"水花4"图层添加图层蒙版。将前景色设为黑色。选择"画笔"工具![icon]，在图像窗口中拖曳鼠标擦除不需要的图像，效果如图6-55所示。

图6-53   图6-54   图6-55

（19）将"水花4"图层拖曳到"图层"控制面板下方的"创建新图层"按钮![icon]上进行复制，生成新的图层"水花4 副本"。在"图层"控制面板上方，将"水花4 副本"图层的混合模式选项设为"变暗"，"不透明度"选项设为88%，如图6-56所示，图像效果如图6-57所示。

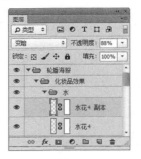 

图6-56   图6-57

（20）将前景色设为白色。在"图层"控制面板中选中"水花4 副本"图层的蒙版缩览图，按Alt+Delete组合键，用前景色填充蒙版。将前景色设为黑色。选择"画笔"工具![icon]，在图像窗口中拖曳鼠标擦除不需要的图像，效果如图6-58所示。

（21）按Ctrl+O组合键，打开本书学习资源中的"Ch06 > 素材 > 制作化妆品网页首页 > 09"文件，选择"移动"工具![icon]，将图片拖曳到图像窗口中适当的位置并调整大小，效果如图6-59所示，在"图层"控制面板中生成新图层并将其命名为"水花5"。

图6-58   图6-59

（22）在"图层"控制面板上方，将"水花5"图层的混合模式选项设为"变暗"，图像效果如图6-60所示。

（23）单击"图层"控制面板下方的"添加图层蒙版"按钮![icon]，为"水花5"图层添加图层蒙版。选择"画笔"工具![icon]，在图像窗口中拖曳鼠标擦除不需要的图像，效果如图6-61所示。

图6-60　　　　　　　　图6-61

（24）单击"水"图层组左侧的三角形图标 ▼，将"水"图层组中的图层隐藏。将"玫瑰花"图层拖曳到"图层"控制面板下方的"创建新图层"按钮 ▣ 上进行复制，生成新的图层"玫瑰花 副本"。在"图层"控制面板中，将"玫瑰花 副本"图层拖曳到"水"图层组的上方，如图6-62所示，图像效果如图6-63所示。

图6-62　　　　　　　　图6-63

（25）在"图层"控制面板上方，将"玫瑰花 副本"图层的混合模式选项设为"正常"，图像效果如图6-64所示。

（26）单击"图层"控制面板下方的"添加图层蒙版"按钮 ▣，为"玫瑰花 副本"图层添加图层蒙版。选择"画笔"工具 ✎，在图像窗口中拖曳鼠标擦除不需要的图像，效果如图6-65所示。

图6-64　　　　　　　　图6-65

（27）单击"图层"控制面板下方的"创建新的填充或调整图层"按钮 ◉，在弹出的菜单中选择"色相/饱和度"命令，在"图层"控制面

板中生成"色相/饱和度1"图层，同时在弹出的"色相/饱和度"面板中单击"此调整影响下面所有图层"按钮 ▣ 使其显示为"此调整剪切到此图层"按钮 ▣，其他选项的设置如图6-66所示，按Enter键，效果如图6-67所示。

图6-66

图6-67

（28）在"图层"控制面板中，按住Shift键的同时，将"色相/饱和度1"图层和"玫瑰花 副本"图层同时选取，按Ctrl+E组合键，合并图层并将其命名为"玫瑰花2"。将前景色设为红色（其R、G、B的值分别为230、0、18）。选择"直线"工具 ✎，在属性栏中将"粗细"选项设为1像素，按住Shift键的同时，在图像窗口中绘制直线，效果如图6-68所示。在"图层"控制面板中生成新的形状图层"形状3"。

图6-68

（29）将"形状3"图层拖曳到"图层"控制面板下方的"创建新图层"按钮 ▣ 上进行复制，生成新的图层"形状3 副本"。选择"移动"工具 ▸◂，按住Shift键的同时，在图像窗口中将形状拖曳到适当的位置，如图6-69所示。

图6-69

（30）选择"直线"工具 ✎，在属性栏中将"粗细"选项设为3像素，按住Shift键的同时，在

图像窗口中绘制直线，效果如图6-70所示。

图6-70

（31）新建图层组并将其命名为"文字"。将前景色设为黑色。选择"直线"工具 ✐ ，在属性栏中将"粗细"选项设为1像素，按住Shift键的同时，在图像窗口中绘制直线，效果如图6-71所示。在"图层"控制面板中生成新的图层"形状5"。

图6-71

（32）单击"图层"控制面板下方的"添加图层蒙版"按钮 ▣ ，为"形状5"图层添加图层蒙版。选择"渐变"工具 ▣ ，单击属性栏中的"点按可编辑渐变"按钮 ▬▬ ，弹出"渐变编辑器"对话框，将渐变色设为白色到黑色，将"颜色中点"的位置设为74，如图6-72所示，单击"确定"按钮，按住Shift键的同时，在图像窗口中拖曳鼠标填充渐变色，效果如图6-73所示。

图6-72

图6-73

（33）选择"横排文字"工具 T ，在适当的位置输入需要的文字并选取文字，在属性栏中选择合适的字体并设置大小，按Alt+向左方向键，调整文字的间距，效果如图6-74所示，在"图层"控制面板中生成新的文字图层。

图6-74

（34）选取需要的文字，在属性栏中将"文本"颜色设为红色（其R、G、B的值分别为206、0、23），填充文字，效果如图6-75所示。选取需要的文字，在属性栏中将"文本"颜色设为白色，填充文字，效果如图6-76所示。

图6-75　　　　　　　　图6-76

（35）将前景色设为黑色。选择"矩形"工具 ▣ ，在图像窗口中绘制矩形，如图6-77所示。在"图层"控制面板中生成新的形状图层"矩形5"。

（36）在"图层"控制面板中，将"矩形5"图层拖曳到"补水-保湿-增白…"图层的下方，如图6-78所示，图像效果如图6-79所示。

（37）选择"直线"工具 ✐ ，在属性栏中将"粗细"选项设为1像素，按住Shift键的同时，在图像窗口中绘制直线，效果如图6-80所示。在"图层"控制面板中生成新的图层"形状6"。

图6-77 图6-78

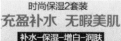

图6-79 图6-80

（38）选择"自定形状"工具，单击"形状"选项右侧的·按钮，弹出"形状"面板，在"形状"面板中选择需要的形状，如图6-81所示。在图像窗口中拖曳鼠标绘制图形，如图6-82所示。

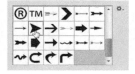

图6-81 图6-82

6.1.4 制作代金券

（1）单击"首页海报"图层组左侧的三角形图标▼，将"首页海报"图层组中的图层隐藏。单击"图层"控制面板下方的"创建新组"按钮，生成新的图层组并将其命名为"代金券"。

（2）将前景色设为红色（其R、G、B的值分别为206、0、23）。选择"矩形"工具，在图像窗口中绘制矩形，如图6-83所示。在"图层"控制面板中生成新的图层"矩形6"。

图6-83

（3）将"矩形6"图层拖曳到"图层"控制面板下方的"创建新图层"按钮上进行复制，生成新的图层"矩形6 副本"。按Ctrl+T组合键，在图像周围出现变换框，按住Alt+Shift键的同时，拖曳右上角的控制手柄等比例缩小图片，按Enter键确认操作。在属性栏中将"描边颜色"设为白色，将"描边宽度"设为1点，效果如图6-84所示。

图6-84

（4）将前景色设为白色。选择"横排文字"工具，在适当的位置输入需要的文字并选取文字，在属性栏中选择合适的字体并设置大小，效果如图6-85所示，在"图层"控制面板中生成新的文字图层。选取文字"点击领取"，按Alt+向右方向键，适当地调整文字间距，效果如图6-86所示。

图6-85 图6-86

（5）选择"自定形状"工具，单击"形状"选项，弹出"形状"面板，单击面板右上方的·按钮，在弹出的菜单中选择"自然"命令，弹出提示对话框，单击"追加"按钮。在"形状"面板中选中图形"波浪"，如图6-87所示。在图像窗口中拖曳鼠标绘制图形，如图6-88所示。在"图层"控制面板中生成新的图层"形状8"。

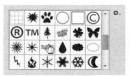

图6-87 图6-88

（6）将"形状8"图层拖曳到"图层"控制面板下方的"创建新图层"按钮上进行复制，生成新的图层"形状8 副本"。选择"移动"工具，按住Shift键的同时，将形状拖曳到图像窗口中适当的位置，效果如图6-89所示。

图6-89

（7）在"图层"控制面板中，按住Shift键的同时，将"形状8"图层和"矩形6"图层之间的所有图层同时选取。按Ctrl+G组合键，编组图层并将其命名为"15"，如图6-90所示。使用相同的方法制作"25"和"35"代金券，如图6-91所示。

图6-90

图6-91

6.1.5 制作商品陈列区

（1）单击"代金券"图层组左侧的三角形图标▼，将"代金券"图层组中的图层隐藏。新建图层组并将其命名为"人气套装"。将前景色设为红色（其R、G、B的值分别为206、0、23）。选择"矩形"工具▣，在图像窗口中绘制矩形，如图6-92所示。

图6-92

（2）将前景色设为白色。选择"横排文字"

工具T，在适当的位置输入需要的文字并选取文字，在属性栏中选择合适的字体并设置大小，效果如图6-93所示，在"图层"控制面板中生成新的文字图层。

图6-93

（3）新建图层组并将其命名为"套装1"。将前景色设为红色（其R、G、B的值分别为230、0、18）。选择"矩形"工具▣，在图像窗口中绘制矩形，如图6-94所示。

图6-94

（4）单击"图层"控制面板下方的"添加图层样式"按钮fx，在弹出的菜单中选择"渐变叠加"命令，弹出对话框，单击"点按可编辑渐变"按钮▇▇，弹出"渐变编辑器"对话框，将渐变颜色设为从浅灰色（其R、G、B的值分别为245、245、245）到白色，如图6-95所示，单击"确定"按钮，返回到"渐变叠加"对话框，其他选项的设置如图6-96所示。单击"确定"按钮，效果如图6-97所示。

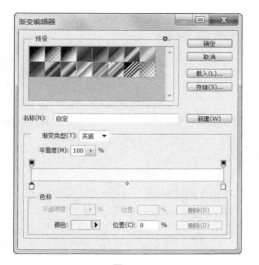

图6-95

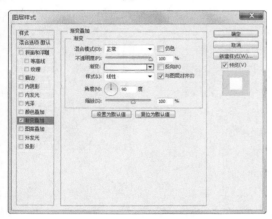

图6-96

图6-97

（5）按Ctrl+O组合键，打开本书学习资源中的"Ch06 > 素材 > 制作化妆品网页首页 > 10"文件，选择"移动"工具，将图片拖曳到图像窗口中适当的位置，并调整其大小，效果如图6-98所示，在"图层"控制面板中生成新图层并将其命名为"套装1"。

图6-98

（6）新建图层并将其命名为"阴影"。将前景色设为黑色。选择"画笔"工具，在属性栏中单击"画笔"选项右侧的按钮，在弹出的画笔面板中选择需要的画笔形状，如图6-99所示。在图像窗口中拖曳鼠标绘制阴影图像，效果如图6-100所示。

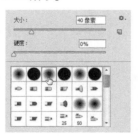

图6-99

图6-100

（7）在"图层"控制面板中，将"阴影"图层拖曳到"套装1"图层的下方，如图6-101所示，图像效果如图6-102所示。

图6-101

图6-102

（8）选中"套装1"图层。将前景色设为红色（其R、G、B的值分别为230、0、18）。选择"矩形"工具■，在图像窗口中绘制矩形，如图6-103所示。

图6-103

（9）将前景色设为黑色。选择"横排文字"工具T，分别在适当的位置输入需要的文字并选取文字，在属性栏中选择合适的字体并设置大小，效果如图6-104所示，在"图层"控制面板中生成新的文字图层。

图6-104

（10）选取文字"雪域精华冰肌套装"，在属性栏中将"文本颜色"设为灰色（其R、G、B的值分别为104、104、104），填充文字，效果如图6-105所示。选取文字"398"，在属性栏中将"文本颜色"设为红色（其R、G、B的值分别为206、0、23），填充文字，效果如图6-106所示。选取文字"立即购买"，在属性栏中将"文本颜色"设为白色，填充文字，效果如图6-107所示。

（11）选择"直线"工具，在属性栏中将"粗细"选项设为2像素，按住Shift键的同时，在图像窗口中分别绘制直线，效果如图6-108所示。

（12）选择"直线"工具，在属性栏中将"粗细"选项设为1像素，按住Shift键的同时，在图像窗口中绘制直线，效果如图6-109所示。

图6-108　　　　　图6-109

（13）在"图层"控制面板中，按住Shift键的同时，将"形状8"图层和"矩形8"图层之间的所有图层同时选取。按Ctrl+G组合键，编组图层并将其命名为"套装1"，如图6-110所示。

图6-110

（14）使用相同的方法制作"套装2""套装3"，如图6-111所示。

图6-111

图6-105　　　图6-106　　　图6-107

（15）单击"人气套装"图层组左侧的三角形图标▼，将"人气套装"图层组中的图层隐藏。单击"图层"控制面板下方的"创建新组"按钮▢，生成新的图层组并将其命名为"人气单品"。

（16）将前景色设为红色（其R、G、B的值分别为206、0、23）。选择"矩形"工具▢，在图像窗口中绘制矩形，如图6-112所示。

图6-112

（17）将前景色设为白色。选择"横排文字"工具Ｔ，在适当的位置输入需要的文字并选取文字，在属性栏中选择合适的字体并设置大小，效果如图6-113所示，在"图层"控制面板中生成新的文字图层。

图6-113

（18）新建图层组并将其命名为"单品1"。将前景色设为红色（其R、G、B的值分别为230、0、18）。选择"矩形"工具▢，在图像窗口中绘制矩形，如图6-114所示。

（19）单击"图层"控制面板下方的"添加图层样式"按钮fx.，在弹出的菜单中选择"渐变叠加"命令，弹出对话框，单击"点按可编辑渐变"按钮▭，弹出"渐变编辑器"对话框，将渐变颜色设为从浅灰色（其R、G、B的值分别为230、230、230）到白色，如图6-115所示，单击"确定"按钮，返回到"渐变叠加"对话框，其他选项的设置如图6-116所示。单击"确定"按钮，效果如图6-117所示。

图6-114

图6-115

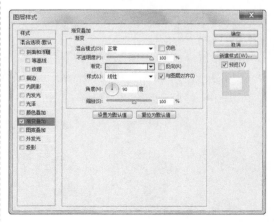

图6-116

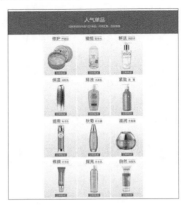

图6-117

（20）按Ctrl+O组合键，打开本书学习资源中的"Ch06 > 素材 > 制作化妆品网页首页 > 14"文件，选择"移动"工具 ▶♣，将图片拖曳到图像窗口中适当的位置，并调整其大小，效果如图6-118所示，在"图层"控制面板中生成新图层并将其命名为"单品1"。

（21）将前景色设为红色（其R、G、B的值分别为206、0、23）。选择"矩形"工具 ▣，在图像窗口中绘制矩形，如图6-119所示。

图6-118 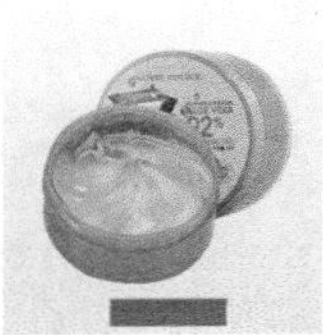　　　　　　　图6-119

（22）将前景色设为黑色。选择"横排文字"工具 T，在适当的位置输入需要的文字并选取文字，在属性栏中选择合适的字体并设置大小，效果如图6-120所示，在"图层"控制面板中生成新的文字图层。选取文字"立即购买"，在属性栏中将"文本颜色"设为白色，填充文字，效果如图6-121所示。

（23）选择"直线"工具 ⁄，在属性栏中将"粗细"选项设为1像素，按住Shift键的同时，在图像窗口中分别绘制直线，效果如图6-122所示。

图6-120　　　　图6-121 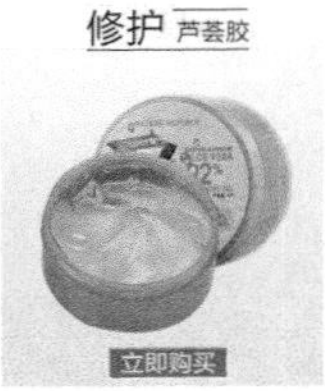　　　　图6-122

（24）使用相同的方法制作其他"人气单品"，如图6-123所示。

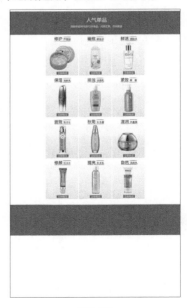

图6-123

6.1.6　制作收藏区

（1）单击"人气单品"图层组左侧的三角形图标▼，将"人气单品"图层组中的图层隐藏。单击"图层"控制面板下方的"创建新组"按钮 ▢，生成新的图层组并将其命名为"收藏"。

（2）将前景色设为红色（其R、G、B的值分别为206、0、23）。选择"矩形"工具 ▣，在图像窗口中绘制矩形，如图6-124所示。

图6-124

（3）按Ctrl+O组合键，打开本书学习资源中的"Ch06 > 素材 > 制作化妆品网页首页 > 26"文件，选择"移动"工具，将图片拖曳到图像窗口中适当的位置并调整大小，效果如图6-125所示，在"图层"控制面板中生成新图层并将其命名为"素材2"。按Ctrl+Alt+G组合键，为"素材2"图层创建剪贴蒙版，图像效果如图6-126所示。

（4）按Ctrl+O组合键，打开本书学习资源中的"Ch06 > 素材 > 制作化妆品网页首页 > 27"文件，选择"移动"工具，将图片拖曳到图像窗口中适当的位置并调整大小，效果如图6-127所示，在"图层"控制面板中生成新图层并将其命名为"人物"。按Ctrl+Alt+G组合键，为"人物"图层创建剪贴蒙版，图像效果如图6-128所示。

图6-126

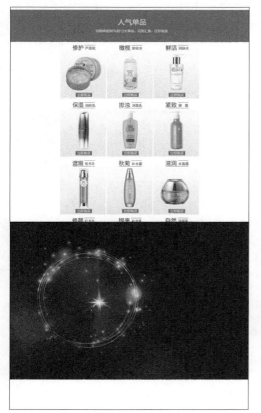

图6-125

图6-127

图6-128

（5）单击"图层"控制面板下方的"添加图层蒙版"按钮，为"人物"图层添加图层蒙版。将前景色设为黑色。选择"画笔"工具，在属性栏中单击"画笔"选项右侧的按钮，在弹出的面板中选择需要的画笔形状,如图6-129所示,在图像窗口中拖曳鼠标擦除不需要的图像,效果如图6-130所示。

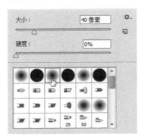

图6-129

图6-130

（6）将前景色设为白色。选择"矩形"工具■，在图像窗口中绘制一个矩形，如图6-131所示。在图像窗口中再绘制一个矩形，在属性栏中将"填充颜色"设为无，"描边颜色"设为白色，"描边宽度"设为2点，效果如图6-132所示。

图6-131

图6-132

（7）将前景色设为黑色。选择"横排文字"工具 T，在适当的位置输入需要的文字并选取文字，在属性栏中选择合适的字体并设置大小，效果如图6-133所示，在"图层"控制面板中生成新的文字图层。选取文字"收藏本店"，在属性栏中将"文本颜色"设为红色（其R、G、B的值分别为199、11、0），填充文字，效果如图6-134所示。

（8）选择"直线"工具 ∕，在属性栏中将"粗细"选项设为1像素，按住Shift键的同时，在图像窗口中绘制直线，效果如图6-135所示。

图6-133　　　图6-134　　　图6-135

（9）选择"自定形状"工具 ⬡，单击"形状"选项右侧的 按钮，弹出"形状"面板，单击面板右上方的 ⚙ 按钮，在弹出的菜单中选择"箭头"命令，弹出提示对话框，单击"追加"按钮。在"形状"面板中选中图形"箭头12"，如图6-136所示。在图像窗口中拖曳鼠标绘制图形，如图6-137所示。

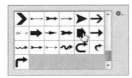

图6-136　　　　　图6-137

（10）按Ctrl+T组合键，图像周围出现变换框，在变换框中单击鼠标右键，在弹出的菜单中选择"旋转90度（逆时针）"命令，将形状逆时针旋转90度，按Enter键确认操作，效果如图6-138所示。

（11）按Ctrl+O组合键，打开本书学习资源中的"Ch06 > 素材 > 制作化妆品网页首页 > 28"文件，选择"移动"工具 ⊕，将图片拖曳到图像窗口中适当的位置，并调整其大小，效果如图6-139所示，在"图层"控制面板中生成新图层并将其命名为"化妆品标志"。

（12）将前景色设为白色。选择"横排文

字"工具 T，在适当的位置输入需要的文字并选取文字，在属性栏中选择合适的字体并设置大小，效果如图6-140所示，在"图层"控制面板中生成新的文字图层。

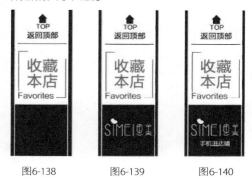

图6-138　　　　图6-139　　　　图6-140

6.1.7　制作客服区

（1）单击"收藏"图层组左侧的三角形图标 ▼，将"收藏"图层组中的图层隐藏。单击"图层"控制面板下方的"创建新组"按钮 ▢，生成新的图层组并将其命名为"客服"。

（2）按Ctrl+O组合键，打开本书学习资源中的"Ch06 > 素材 > 制作化妆品网页首页 > 29"文件，选择"移动"工具 ▸⊹，将图片拖曳到图像窗口中适当的位置，并调整其大小，效果如图6-141所示，在"图层"控制面板中生成新图层并将其命名为"头像1"。

图6-141

（3）将前景色设为灰色（其R、G、B的值分别为132、132、132）。选择"横排文字"工具 T，在适当的位置输入需要的文字并选取文字，在属性栏中选择合适的字体并设置大小，按Alt+向左方向键，适当地调整文字间距，效果如图6-142所示，在"图层"控制面板中生成新的文字图层。

图6-142

（4）使用相同的方法制作其他"客户信息"，如图6-143所示。

图6-143

（5）选择"横排文字"工具 T，在适当的位置输入需要的文字并选取文字，在属性栏中选择合适的字体并设置大小，按Alt+向左方向键，适当地调整文字间距，效果如图6-144所示，在"图层"控制面板中生成新的文字图层。

图6-144

（6）选取文字"客服中心"和"在线时间"，在属性栏中将"文本颜色"设为深灰色（其R、G、B的值分别为46、44、55），填充文字；按Ctrl+T组合键，在弹出的"字符"控制面板中单击"仿粗体"按钮 T，将文字加粗，按Enter键确认操作，效果如图6-145所示。

图6-145

（7）将前景色设为深灰色（其R、G、B的值分别为46、44、55）。选择"椭圆"工具 ⬭，按住Shift键的同时，在"客服中心"前绘制圆形，如图6-146所示。在"图层"控制面板中生成新的形状图层"椭圆2"。

图6-146

（8）将"椭圆2"图层多次拖曳到"图层"控制面板下方的"创建新图层"按钮🗔上进行复制，生成新的图层"椭圆2 副本""椭圆2 副本2"和"椭圆2 副本3"。选择"移动"工具➕，按住Shift键的同时，在图像窗口中将形状拖曳到适当的位置，如图6-147所示。

图6-147

6.1.8 制作页尾

（1）单击"客服区"图层组左侧的三角形图标▼，将"客服区"图层组中的图层隐藏。单击"图层"控制面板下方的"创建新组"按钮🗀，生成新的图层组并将其命名为"页尾"。

（2）将前景色设为深灰色（其R、G、B的值分别为55、56、56）。选择"横排文字"工具T，在适当的位置分别输入需要的文字并选取文字，在属性栏中选择合适的字体并设置大小，按Alt+向左方向键，适当地调整文字间距，效果如图6-148所示，在"图层"控制面板中生成新的文字图层。选取文字"优"，在属性栏中将"文本"颜色设为红色（其R、G、B的值分别为206、0、23），效果如图6-149所示。

图6-148

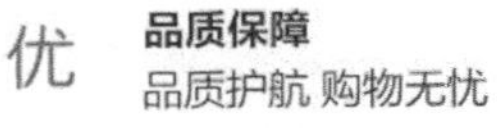

图6-149

（3）选择"椭圆"工具⬭，在属性栏中将"填充"颜色设为无，"描边"颜色设为红色（其R、G、B的值分别为206、0、23），"描边宽度"设为3点，按住Shift键的同时，在图像窗口中绘制圆形，如图6-150所示。

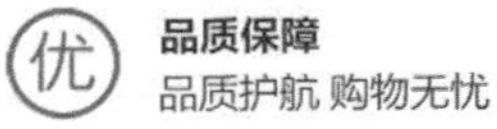

图6-150

（4）选择"矩形"工具▭，在属性栏中将"填充颜色"设为深灰色（其R、G、B的值分别为55、56、56），"描边颜色"设为无，在图像窗口中绘制矩形，如图6-151所示。

优 **品质保障**
品质护航 购物无忧

图6-151

（5）使用相同的方法制作"七天无理由退货""特色服务体验"和"帮助中心"，效果如图6-152所示。

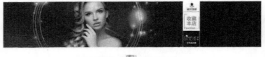

图6-152

（6）将前景色设为红色（其R、G、B的值分别为206、0、23）。选择"矩形"工具▭，在图像窗口中绘制矩形，如图6-153所示。

（7）将前景色设为白色。选择"横排文字"工具T，在适当的位置输入需要的文字并选取文字，在属性栏中选择合适的字体并设置大小，按Alt+↓组合键，调整文字行距，效果如图6-154所示，在"图层"控制面板中生成新的文字图层。化妆品网页首页制作完成，效果如图6-155所示。

图6-153

图6-154

6.2 课后习题——制作女装网页首页

【习题知识要点】

在Illustrator中，使用文字工具、字符控制面板、钢笔工具制作女装标志；在Photoshop中，使用圆角矩形工具、文字工具、矩形工具、椭圆工具制作店招和导航条，使用图层控制面板和画笔工具制作图片叠加效果，使用矩形工具、直线工具和文字工具制作首页海报，使用矩形工具、横排文字工具制作商品分类区和陈列区，使用椭圆工具、矩形工具、直线工具和横排文字工具制作底部信息。女装网页首页效果如图6-156所示。

【效果所在位置】

Ch06/效果/制作女装网页首页/女装网页首页.psd。

图6-156

图6-155

第 7 章

宣传册设计

本章介绍

　　宣传册可以起到有效宣传企业或产品的作用，能够提高企业的知名度和产品的认知度。本章通过房地产宣传册的封面及内页设计流程，介绍如何把握整体风格、设定设计细节，详细讲解宣传册设计的制作方法和设计技巧。

学习目标

◆ 在Illustrator软件中制作房地产宣传册封面。
◆ 在InDesign软件中制作房地产宣传册内页。

技能目标

◆ 掌握"房地产宣传册"的制作方法。
◆ 掌握"手表宣传册"的制作方法。

7.1 制作房地产宣传册

【案例学习目标】在Illustrator中，学习使用路径查找器命令、填充工具、文字工具和图形的绘制工具制作房地产宣传册封面；在InDesign中，学习使用置入命令、页码和章节选项命令、文字工具、段落样式面板、贴入内部命令和图形的绘制工具制作房地产宣传册内页。

【案例知识要点】在Illustrator中，使用文字工具、直接选择工具、矩形工具和路径查找器面板制作宣传册标题文字，使用矩形工具、路径查找器命令制作楼层缩影，使用矩形工具、椭圆工具、文字工具添加地标及相关信息；在InDesign中，使用页码和章节选项命令更改起始页码，使用置入命令、选择工具添加并裁剪图片，使用矩形工具和贴入内部命令制作图片剪切效果，使用矩形工具、渐变色板工具制作图像渐变效果，使用文字工具和段落样式面板添加标题及段落文字。房地产宣传册封面、内页效果如图7-1所示。

【效果所在位置】Ch07/效果/制作房地产宣传册/房地产宣传册封面.ai、房地产宣传册内页.indd。

图7-1

图7-1(续)

Illustrator 应用

7.1.1 制作标题文字

（1）打开Illustrator CS6软件，按Ctrl+N组合键，新建一个文档，宽度为500 mm，高度为250 mm，取向为横向，颜色模式为CMYK，单击"确定"按钮。

（2）按Ctrl+R组合键，显示标尺。选择"选择"工具，在页面中拖曳一条垂直参考线。选择"窗口 > 变换"命令，弹出"变换"面板，将"X"轴选项设为250 mm，如图7-2所示，按Enter键确认操作，效果如图7-3所示。

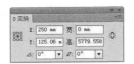

图7-2

图7-3

（3）选择"文件 > 置入"命令，弹出"置入"对话框，选择本书学习资源中的"Ch07 > 素材 > 制作房地产宣传册 > 01"文件，单击"置入"按钮，将图片置入页面中，单击属性栏中的"嵌入"按钮，嵌入图片。选择"窗口 > 对齐"命令，弹出"对齐"控制面板，将对齐方式设为"对齐画板"，如图7-4所示。分别单击"水平居中对齐"按钮和"垂直居中对齐"按钮，使图片与页面居中对齐，效果如图7-5所示。用圈选的方法将图片和参考线同时选取，按Ctrl+2组合键，锁定所选对象。

图7-4

图7-5

（4）选择"文字"工具，在页面外输入需要的文字，选择"选择"工具，在属性栏中选择合适的字体并设置文字大小，效果如图7-6所示。按

Shift+Ctrl+O组合键，将文字转换为轮廓，效果如图7-7所示。按Shift+Ctrl+G组合键，取消文字编组。

（5）选择"矩形"工具，按住Shift键的同时，绘制一个矩形，填充图形为黑色，并设置描边色为无，效果如图7-8所示。选择"选择"工具，按住Shift键的同时，选取需要的文字和图形，如图7-9所示。

生活人家	生活人家
图7-6	图7-7
生活人家	生活人家
图7-8	图7-9

（6）选择"窗口 > 路径查找器"命令，弹出"路径查找器"控制面板，单击"减去顶层"按钮，如图7-10所示，生成一个新对象，效果如图7-11所示。

生活人家

图7-10	图7-11

（7）选择"直接选择"工具，选取需要的节点，将其拖曳到适当的位置，如图7-12所示。使用上述方法制作其他文字，效果如图7-13所示。

生活人家	生活人家
图7-12	图7-13

（8）选择"选择"工具，选取需要的文字，按Ctrl+G组合键，将文字编组，并将其拖曳到页面中适当的位置，效果如图7-14所示。设置文字填充色为深蓝色（其CMYK的值分别为100、89、57、15），填充文字，效果如图7-15所示。

（9）选择"文字"工具，在适当的位置输入需要的文字，选择"选择"工具，在属性栏中选择合适的字体并设置文字大小，效果如图

7-16所示。按Ctrl+T组合键，弹出"字符"控制面板，将"设置所选字符的字距调整"选项 图 设为1160，其他选项的设置如图7-17所示，按Enter键确认操作，效果如图7-18所示。

图7-14

图7-15

图7-16

图7-17

图7-18

7.1.2　添加装饰图形

（1）选择"直线"工具 ，按住Shift键的同时，在适当的位置绘制一条竖线，在属性栏中将"描边粗细"选项设为0.75pt，按Enter键确认操作，效果如图7-19所示。

（2）选择"选择"工具 ，按住Alt+Shift组合键的同时，水平向右拖曳直线到适当的位置，复制竖线，如图7-20所示。按Ctrl+D组合键，复制出竖线，效果如图7-21所示。

图7-19 　　　　　图7-20 　　　　　图7-21

（3）选择"选择"工具 ，按住Shift键的同时，选取三条直线，按住Alt+Shift组合键的同时，水平向右拖曳直线到适当的位置，复制竖线，如图7-22所示。

上｜层｜人｜生　　欧 式 建 筑

图7-22

（4）选择"矩形"工具 ，在页面外绘制一个矩形，填充图形为黑色，并设置描边色为无，效果如图7-23所示。再次绘制一个矩形，如图7-24所示，使用相同的方法再绘制多个矩形，如图7-25所示。

图7-23

图7-24

图7-25

（5）选择"选择"工具 ，使用圈选的方法将刚绘制的矩形同时选取。选择"路径查找器"控制面板，单击"减去顶层"按钮 ，如图7-26所示，生成新的对象，效果如图7-27所示。

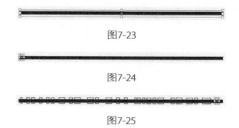

图7-26

图7-27

（6）选择"矩形"工具 ，在适当的位置绘制一个矩形，填充图形为黑色，并设置描边色为无，效果如图7-28所示。再次绘制一个矩形，填充图形为白色，并设置描边色为无，如图7-29所示。

（7）选择"选择"工具 ，按住Shift键的同时，单击黑色矩形，将其同时选取，如图7-30所示。在"路径查找器"控制面板中，单击"减去顶层"按钮圆，如图7-31所示，生成新的对象，效果如图7-32所示。

图7-28

图7-29

图7-30

图7-31

图7-32

（8）选择"矩形"工具圆，在适当的位置分别绘制多个矩形并填充相应的颜色，效果如图7-33所示。选择"直接选择"工具圆，选取需要的节点，将其拖曳到适当的位置，效果如图7-34所示。

图7-33

图7-34

（9）选择"选择"工具圆，使用圈选的方法选取需要的图形，如图7-35所示。在"路径查找器"控制面板中，单击"减去顶层"按钮圆，生成新的对象，效果如图7-36所示。使用上述方法制作如图7-37所示的效果。

图7-35

图7-36

图7-37

（10）选择"选择"工具圆，用圈选的方法将所绘制的图形同时选取，按Ctrl+G组合键，将其编组，如图7-38所示。将图形拖曳到页面中适当的位置，并调整其大小，设置图形填充色为深蓝色（其CMYK的值分别为100、89、57、15），填充图形，效果如图7-39所示。

图7-38

图7-39

7.1.3　绘制地标

（1）选择"选择"工具圆，用圈选的方法将图形和文字同时选取，按Ctrl+G组合键，将其编组，如图7-40所示。按住Alt键的同时，向左拖曳图形到适当的位置，复制图形并调整其大小，如图7-41所示。

图7-40

图7-41

（2）选择"矩形"工具圆，在适当的位置绘制一个矩形，设置图形填充色为深蓝色（其

CMYK的值分别为100、89、57、15），填充图形，并设置描边色为无，效果如图7-42所示。

图7-42

（3）选择"选择"工具，按住Alt+Shift组合键的同时，垂直向下拖曳矩形到适当的位置，复制矩形，如图7-43所示。使用相同的方法再次复制矩形，如图7-44所示。

图7-43　　　　　　图7-44

（4）选择"椭圆"工具，按住Shift键的同时，在适当的位置绘制一个圆形，设置图形填充色为深蓝色（其CMYK的值分别为100、89、57、15），填充图形，并设置描边色为无，效果如图7-45所示。

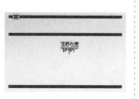

图7-45

（5）选择"选择"工具，按住Alt+Shift组合键的同时，水平向右拖曳圆形到适当的位置，复制圆形，如图7-46所示。使用相同的方法再复制其他圆形，如图7-47所示。

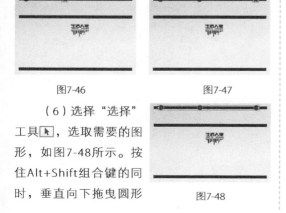

图7-46　　　　　　图7-47

（6）选择"选择"工具，选取需要的图形，如图7-48所示。按住Alt+Shift组合键的同时，垂直向下拖曳圆形

图7-48

到适当的位置，复制圆形，如图7-49所示。使用相同的方法再复制其他圆形，如图7-50所示。

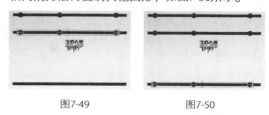

图7-49　　　　　　图7-50

（7）选择"矩形"工具，在适当的位置绘制一个矩形，设置图形填充色为深蓝色（其CMYK的值分别为100、89、57、15），填充图形，并设置描边色为无，效果如图7-51所示。

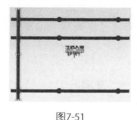

图7-51

（8）选择"选择"工具，按住Alt+Shift组合键的同时，水平向右拖曳矩形到适当的位置，复制矩形，如图7-52所示。使用相同的方法再复制矩形，效果如图7-53所示。

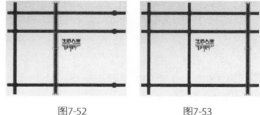

图7-52　　　　　　图7-53

（9）选择"文字"工具，在页面中输入需要的文字，选择"选择"工具，在属性栏中选择合适的字体并设置适当的文字大小，设置文字填充色为深蓝色（其CMYK的值分别为100、89、57、15），填充文字，效果如图7-54所示。在"字符"控制面板中，将"设置所选字符的字距调整"选项设为200，如图7-55所示，按Enter键确认操作，效果如图7-56所示。使用相同的方法添加其他文字，效果如图7-57所示。

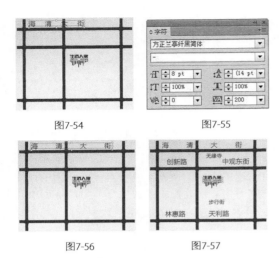

图7-54　　　　　　　　　　图7-55

图7-56　　　　　　　　　　图7-57

（10）选择"直排文字"工具，在页面中输入需要的文字，选择"选择"工具，在属性栏中选择合适的字体并设置适当的文字大小，设置文字填充色为深蓝色（其CMYK的值分别为100、89、57、15），填充文字，效果如图7-58所示。使用相同的方法添加其他文字，如图7-59所示。

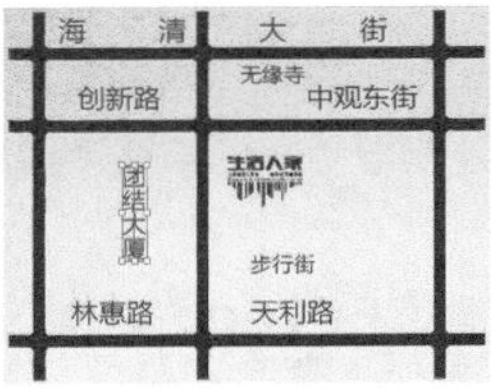

图7-58 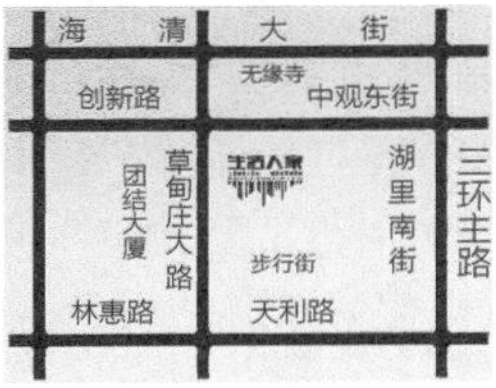　　　　　　　　　　图7-59

（11）选择"椭圆"工具，按住Shift键的同时，在适当的位置绘制一个圆形，设置图形填充色为黄色（其CMYK的值分别为11、19、85、0），并设置描边色为无，效果如图7-60所示。选择"选择"工具，按住Alt键的同时，多次拖曳圆形到适当的位置，复制多个圆形，如图7-61所示。圈选所需的图形和文字，按Ctrl+G组合键，将其编组。

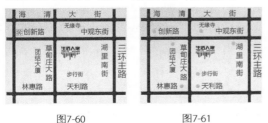

图7-60　　　　　　　　　　图7-61

7.1.4　添加其他相关信息

（1）选择"文字"工具，在适当的位置分别输入需要的文字，选择"选择"工具，在属性栏中分别选择合适的字体并设置文字大小，效果如图7-62所示。设置文字填充色为深蓝色（其CMYK的值分别为100、89、57、15），填充文字，效果如图7-63所示。

图7-62

图7-63

（2）选择"直线"工具，在适当的位置绘制一条斜线，设置描边色为深蓝色（其CMYK的值分别为100、89、57、15），填充描边，效果如图7-64所示。选择"选择"工具，按住Alt键的同时，向下拖曳斜线到适当的位置，复制斜线，效果如图7-65所示。

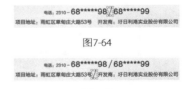

图7-64

图7-65

（3）选择"文字"工具，在页面中输入需要的文字，选择"选择"工具，在属性栏中选择合适的字体并设置适当的文字大小，设置文字填充色为深蓝色（其CMYK的值分别为100、89、57、15），填充文字，效果如图7-66所示。在"字符"控制面板中，将"设置所选字符的字距调整"选项  设为40，如图7-67所示，按Enter键确认操作，效果如图7-68所示。

置文字填充色为天蓝色（其CMYK的值分别为60、0、25、0），填充文字，效果如图7-75所示。

图7-66　　　　　　图7-67

图7-73

图7-68

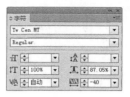

图7-74　　　　　　图7-75

（4）选择"对象 > 变换 > 倾斜"命令，在弹出的对话框中进行设置，如图7-69所示，单击"确定"按钮，效果如图7-70所示。

（7）选择"直线"工具，在适当的位置绘制一条直线，设置描边色为深蓝色（其CMYK的值分别为100、89、57、15），填充描边，效果如图7-76所示。房地产宣传册封面制作完成，效果如图7-77所示。

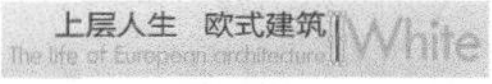

图7-76

图7-69　　　　　　图7-70

（5）选择"文字"工具，在适当的位置分别输入需要的文字，选择"选择"工具，在属性栏中分别选择合适的字体并设置文字大小，效果如图7-71所示。选取文字"上层……建筑"，设置文字填充色为深蓝色（其CMYK的值分别为100、89、57、15），填充文字，效果如图7-72所示。

图7-77

（8）按Ctrl+R组合键，隐藏标尺。按Ctrl+;组合键，隐藏参考线。按Ctrl+S组合键，弹出"存储为"对话框，将其命名为"房地产宣传册封面"，保存为AI格式，单击"保存"按钮，将文件保存。

图7-71　　　　　　图7-72

InDesign 应用

7.1.5　制作主页内容

（6）按住Shift键的同时，选取英文文字，在"字符"控制面板中，将"设置所选字符的字距调整"选项设为-40，其他选项的设置如图7-73所示，按Enter键确认操作，效果如图7-74所示。设

（1）打开InDesign CS6软件，选择"文件 > 新建 > 文档"命令，弹出"新建文档"对话框，如图7-78所示。单击"边距和分栏"按钮，弹出"新建边距和分栏"对话框，设置如图7-79所

示，单击"确定"按钮，新建一个页面。选择"视图 > 其他 > 隐藏框架边缘"命令，将所绘制图形的框架边缘隐藏。

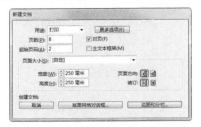

图7-78

图7-79

（2）选择"窗口 > 页面"命令，弹出"页面"面板，按住Shift键的同时，单击所有页面的图标，将其全部选取，如图7-80所示。单击面板右上方的 图标，在弹出的菜单中取消选择"允许选定的跨页随机排布"命令，如图7-81所示。

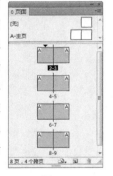

图7-80

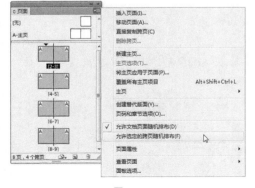

图7-81

（3）双击第二页的页面图标，如图7-82所示。选择"版面 > 页码和章节选项"命令，弹出"页码和章节选项"对话框，设置如图7-83所示，单击"确定"按钮，"页面"面板显示如图7-84所示。

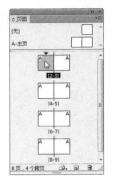

图7-82

图7-83

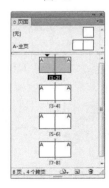

图7-84

（4）在"状态栏"中单击"文档所属页面"选项右侧的 按钮，在弹出的页码中选择

"A-主页"。选择"矩形"工具▣，在页面中绘制一个矩形，如图7-85所示。

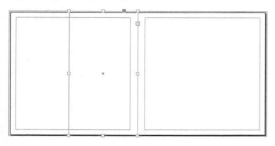

图7-85

（5）双击"渐变色板"工具▣，弹出"渐变"面板，在"类型"选项中选择"线性"，在色带上选中左侧的渐变色标并设置为白色，选中右侧的渐变色标，设置CMYK的值为0、0、0、40，如图7-86所示，填充渐变色，并设置描边色为无，效果如图7-87所示。

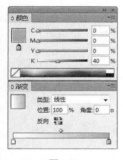

图7-86   图7-87

（6）按Ctrl+C组合键，复制图形，选择"编辑 > 原位粘贴"命令，将图形原位粘贴。按住Shift键的同时，水平向右拖曳复制的图形到适当的位置，单击"控制"面板中的"水平翻转"按钮🔁，将图形水平翻转，效果如图7-88所示。

（7）选择"选择"工具▶，向左拖曳右边中间的控制手柄到适当的位置，调整图形的大小，效果如图7-89所示。

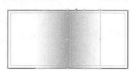

图7-88

图7-89

7.1.6　制作内页01和02

（1）在"状态栏"中单击"文档所属页面"选项右侧的▼按钮，在弹出的页码中选择"1"。选择"矩形"工具▣，在页面中分别绘制矩形，如图7-90所示。选择"选择"工具▶，按住Shift键的同时，选取两个矩形，选择"窗口 > 对象和版面 > 路径查找器"命令，弹出"路径查找器"面板，单击"相加"按钮🔲，如图7-91所示，生成新对象，效果如图7-92所示。

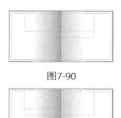

图7-90

图7-91   图7-92

（2）保持图形的选取状态。设置图形填充色的CMYK值为35、3、20、0，填充图形，并设置描边色为无，效果如图7-93所示。

（3）选取并复制记事本文档中需要的文字。返回到InDesign页面中，选择"文字"工具▣，在适当的位置拖曳一个文本框，将复制的文字粘贴到文本框中，将粘贴的文字选取，在"控制"面板中选择合适的字体并设置文字大小，填充文字为白色，效果如图7-94所示。

图7-93

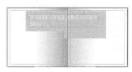

图7-94

（4）选择"文件 > 置入"命令，弹出"置入"对话框，选择本书学习资源中的"Ch07 > 素材 > 制作房地产宣传册 > 02"文件，单击"打开"按钮，在页面空白处单击鼠标置入图片。选择"自由变换"工具▦，将图片拖曳到适当的位置并调整大小，效果如图7-95所示。

图7-95

（5）选择"矩形"工具■，在适当的位置绘制一个矩形，如图7-96所示。选择"选择"工具▶，选取图片，按Ctrl+X组合键，将图片剪切到剪贴板上。选中下方的矩形，选择"编辑＞贴入内部"命令，将图片贴入矩形的内部，并设置描边色为无，效果如图7-97所示。

图7-96　　　　　　　图7-97

（6）选择"矩形"工具■，在页面中分别绘制矩形，如图7-98所示。选择"选择"工具▶，选取左侧的矩形，设置图形填充色的CMYK值为35、3、20、0，填充图形，并设置描边色为无，效果如图7-99所示。按住Shift键的同时，选取需要的矩形，设置图形填充色的CMYK值为75、6、60、0，填充图形，并设置描边色为无，效果如图7-100所示。

图7-98

图7-99　　　　　　　图7-100

（7）选取并复制记事本文档中需要的文字。返回到InDesign页面中，选择"文字"工具T，在适当的位置拖曳一个文本框，将复制的文字粘贴到文本框中，将粘贴的文字选取，在"控制"面板中选择合适的字体并设置文字大小，效果如图7-101所示。设置文字填充色的CMYK值为75、6、60、0，填充文字，取消文字选取状态，

效果如图7-102所示。

图7-101　　　　　　　图7-102

（8）选取并复制记事本文档中需要的文字。返回到InDesign页面中，选择"文字"工具T，在适当的位置拖曳一个文本框，将复制的文字粘贴到文本框中，将粘贴的文字选取，在"控制"面板中选择合适的字体并设置文字大小，效果如图7-103所示。在"控制"面板中将"行距"选项设为24，按Enter键，效果如图7-104所示。

图7-103　　　　　　　图7-104

（9）保持文字的选取状态。按Ctrl+Alt+T组合键，弹出"段落"面板，选项的设置如图7-105所示，按Enter键，效果如图7-106所示。选择"选择"工具▶，选取文字，按F11键，弹出"段落样式"面板，单击面板下方的"创建新样式"按钮，生成新的段落样式并将其命名为"正文"，如图7-107所示。

图7-105

图7-106　　　　　　　图7-107

（10）选取并复制记事本文档中需要的文字。返回到InDesign页面中，选择"文字"工具 [T]，在适当的位置拖曳一个文本框，将复制的文字粘贴到文本框中，将粘贴的文字选取，在"控制"面板中选择合适的字体并设置文字大小，效果如图7-108所示。

图7-108

（11）选取并复制记事本文档中需要的文字。返回到InDesign页面中，选择"文字"工具 [T]，在适当的位置拖曳一个文本框，将复制的文字粘贴到文本框中，如图7-109所示。选取粘贴的文字，在"段落样式"面板中单击"正文"样式，如图7-110所示，文字效果如图7-111所示。

图7-109

图7-110

图7-111

7.1.7 制作内页03至06

（1）在"状态栏"中单击"文档所属页面"选项右侧的▼按钮，在弹出的页码中选择"3"。选择"矩形"工具 □，在页面中绘制一个矩形，如图7-112所示。设置图形填充色的CMYK值为0、45、100、0，填充图形，并设置描边色为无，效果如图7-113所示。

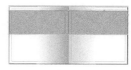

图7-112　　　　　图7-113

（2）选择"文件 > 置入"命令，弹出"置入"对话框，选择本书学习资源中的"Ch07 > 素材 > 制作房地产宣传册 > 03"文件，单击"打开"按钮，在页面空白处单击鼠标置入图片。选择"自由变换"工具 ▦，将图片拖曳到适当的位置并调整大小，效果如图7-114所示。

（3）保持图片的选取状态，按Ctrl+X组合键，将图片剪切到剪贴板上。选择"选择"工具 ▶，选中下方的矩形，选择"编辑 > 贴入内部"命令，将图片贴入矩形的内部，效果如图7-115所示。

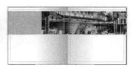

图7-114　　　　　图7-115

（4）使用相同的方法置入其他图片并制作图7-116所示的效果。分别选取并复制记事本文档中需要的文字。返回到InDesign页面中，选择"文字"工具 [T]，在适当的位置分别拖曳文本框，将复制的文字分别粘贴到文本框中，将粘贴的文字选取，在"控制"面板中分别选择合适的字体并设置文字大小，效果如图7-117所示。

图7-116　　　　　图7-117

（5）选择"选择"工具 ▶，选取上方的英文文字，填充文字为白色，效果如图7-118所示。选取下方的中文文字，单击工具箱中的

"格式针对文本"按钮 T，设置文字填充色的CMYK值为0、45、100、0，填充文字，效果如图7-119所示。

图7-118　　　　　　　图7-119

（6）分别选取并复制记事本文档中需要的文字。返回到InDesign页面中，选择"文字"工具 T，在适当的位置分别拖曳文本框，将复制的文字分别粘贴到文本框中，选取粘贴的文字，在"段落样式"面板中单击"正文"样式，效果如图7-120所示。

图7-120

（7）在"状态栏"中单击"文档所属页面"选项右侧的 ▼ 按钮，在弹出的页码中选择"5"。选择"矩形"工具 ，在页面中绘制一个矩形，如图7-121所示。在"控制"面板中将"描边粗细" 0.283点 ▼ 选项设为2点，按Enter键，效果如图7-122所示。

图7-121　　　　　　　图7-122

（8）选择"文件 > 置入"命令，弹出"置入"对话框，选择本书学习资源中的"Ch07 > 素材 > 制作房地产宣传册 > 06"文件，单击"打开"按钮，在页面空白处单击鼠标置入图片。选择"自由变换"工具 ，将图片拖曳到适当的位置并调整大小，效果如图7-123所示。

图7-123

（9）选择"矩形"工具 ，在适当的位置绘制一个矩形，如图7-124所示。选择"选择"工具 ，选取图片，按Ctrl+X组合键，将图片剪切到剪贴板上。选中下方的矩形，选择"编辑 > 贴入内部"命令，将图片贴入矩形的内部，并设置描边色为无，效果如图7-125所示。

图7-124　　　　　　　图7-125

（10）分别选取并复制记事本文档中需要的文字。返回到InDesign页面中，选择"文字"工具 T，在适当的位置分别拖曳文本框，将复制的文字分别粘贴到文本框中，将粘贴的文字选取，在"控制"面板中分别选择合适的字体并设置文字大小，效果如图7-126所示。

（11）选择"选择"工具 ，按住Shift键的同时，选取输入的文字，单击工具箱中的"格式针对文本"按钮 T，设置文字填充色的CMYK值为0、100、100、35，填充文字，效果如图7-127所示。

图7-126　　　　　　　图7-127

（12）选取并复制记事本文档中需要的文字。返回到InDesign页面中，选择"文字"工具 T，在适当的位置拖曳一个文本框，将复制的文字粘贴到文本框中，选取粘贴的文字，在"段落样式"面板中单击"正文"样式，效果如图7-128所示。使用相同的方法制作其他图片和文字，效果如图7-129所示。

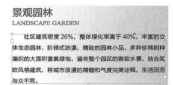

图7-128

图7-129

（13）选择"矩形"工具 ▣，在页面中绘制一个矩形，设置图形填充色的CMYK值为0、100、100、35，填充图形，并设置描边色为无，效果如图7-130所示。

图7-130

（14）选取并复制记事本文档中需要的文字。返回到InDesign页面中，选择"文字"工具 T，在适当的位置拖曳一个文本框，将复制的文字粘贴到文本框中，选取粘贴的文字，在"段落样式"面板中单击"正文"样式，效果如图7-131所示。选取文字，填充文字为白色，效果如图7-132所示。

图7-131

图7-132

7.1.8　制作内页07和08

（1）在"状态栏"中单击"文档所属页面"选项右侧的 ▼ 按钮，在弹出的页码中选择"7"。选择"文件 > 置入"命令，弹出"置入"对话框，选择本书学习资源中的"Ch07 > 素材 > 制作房地产宣传册 > 09"文件，单击"打开"按钮，在页面空白处单击鼠标置入图片。选择"自由变换"工具 ，将图片拖曳到适当的位置并调整大小，效果如图7-133所示。

图7-133

（2）选择"矩形"工具 ▣，在适当的位置绘制一个矩形，如图7-134所示。选择"选择"工具 ，选取图片，按Ctrl+X组合键，将图片剪切到剪贴板上。选中下方的矩形，选择"编辑 > 贴入内部"命令，将图片贴入矩形的内部，并设置描边色为无，效果如图7-135所示。

图7-134 图7-135

（3）使用相同的方法置入其他图片并制作如图7-136所示的效果。选择"直排文字"工具，在页面中分别拖曳文本框，输入需要的文字并选取文字，在"控制"面板中分别选择合适的字体并设置文字大小，效果如图7-137所示。

图7-136 图7-137

（4）选择"选择"工具，按住Shift键的同时，选取输入的文字，单击工具箱中的"格式针对文本"按钮，设置文字填充色的CMYK值为100、55、0、0，填充文字，效果如图7-138所示。在"控制"面板中将"不透明度" 100% 选项设置为55%，按Enter键，效果如图7-139所示。

图7-138 图7-139

（5）选取并复制记事本文档中需要的文字。返回到InDesign页面中，选择"文字"工具，在适当的位置拖曳一个文本框，将复制的文字粘贴到文本框中，将粘贴的文字选取，在"控制"面板中选择合适的字体并设置文字大小，效果如图7-140所示。

图7-140

（6）选取并复制记事本文档中需要的文字。返回到InDesign页面中，选择"文字"工具，在适当的位置拖曳一个文本框，将复制的文字粘贴到文本框中，选取粘贴的文字，在"段落样式"面板中单击"正文"样式，效果如图7-141所示。房地产宣传册内页制作完成。

图7-141

（7）按Ctrl+S组合键，弹出"存储为"对话框，将其命名为"房地产宣传册内页"，单击"保存"按钮，将文件保存。

7.2 课后习题——制作手表宣传册

【**习题知识要点**】在Illustrator中，使用置入命令、矩形工具和建立剪切蒙版命令添加并编辑图片，使用透明度控制面板制作图片的半透明效果，使用文字工具、字形命令和字符控制面板添加标题文字，使用椭圆工具、星形工具、文字工具和用变形建立命令制作标志图形，使用矩形工具、渐变工具、建立不透明蒙版命令制作图片叠加效果，使用矩形工具、直接选择工具制作装饰图形；在InDesign中，使用置入命令置入素材图片，使用矩形工具、添加/删除锚点工具、贴入内部命令制作图片剪切效果，使用文字工具和矩形工具添加标题及相关信息，使用垂直翻转按钮、效果面板和渐变羽化命令制作图片倒影效果，使用投影命令为图片添加投影效果。手表宣传册封面、内页效果如图7-142所示。

【**效果所在位置**】Ch07/效果/制作手表宣传册/手表宣传册封面.ai、手表宣传册内页.indd。

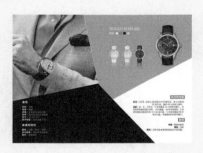

图7-142

第 8 章

杂志设计

本章介绍

　　杂志是比较专项的宣传媒介之一，具有目标受众准确、实效性强、宣传力度大、效果明显等特点。时尚类杂志的设计可以轻松、活泼、色彩丰富。版式内的图文编排可以灵活多变，但要注意把握风格的整体性。本章以家居杂志为例，讲解杂志的设计方法和制作技巧。

学习目标

◆ 在Photoshop软件中制作背景效果。

◆ 在Illustrator软件中制作杂志封面。

◆ 在CorelDRAW软件中制作条形码。

◆ 在InDesign软件中制作杂志内页。

技能目标

◆ 掌握"家居杂志"的制作方法。

◆ 掌握"美食杂志"的制作方法。

8.1 制作家居杂志

【**案例学习目标**】在Photoshop中，学习使用图层控制面板、滤镜命令和创建新的填充或调整图层按钮制作背景效果；在Illustrator中，学习使用置入命令、绘图工具、填充工具、描边控制面板、文字工具和字符控制面板添加封面信息；在CorelDRAW中，学习使用插入条码命令制作条形码；在InDesign中，学习使用版面命令、置入命令、绘图工具、项目符号列表按钮、表命令、文字工具、字符样式面板和段落样式面板制作杂志内页。

【**案例知识要点**】在Photoshop中，使用图层控制面板和渐变工具制作图片叠加效果，使用高斯模糊滤镜命令为图片添加模糊效果，使用色阶命令、可选颜色命令和色相/饱和度命令调整图片的色调；在Illustrator中，使用置入命令置入素材图片，使用文字工具、创建轮廓命令、字符控制面板和填充工具添加并编辑杂志相关信息，使用椭圆工具、描边控制面板制作虚线效果，使用投影命令为图形添加投影效果；在CorelDRAW中，使用插入条码命令插入条形码；在InDesign中，使用置入命令、选择工具添加并裁剪图片，使用矩形工具和贴入内部命令制作图片剪切效果，使用文字工具、字符样式面板和段落样式面板添加标题及段落文字，使用项目符号列表按钮添加文字的项目符号，使用插入表命令添加表格，使用版面命令调整页码并提取目录。家居杂志封面、内页效果如图8-1所示。

【**效果所在位置**】Ch08/效果/制作家居杂志/家居杂志封面.ai、家居杂志内页.indd。

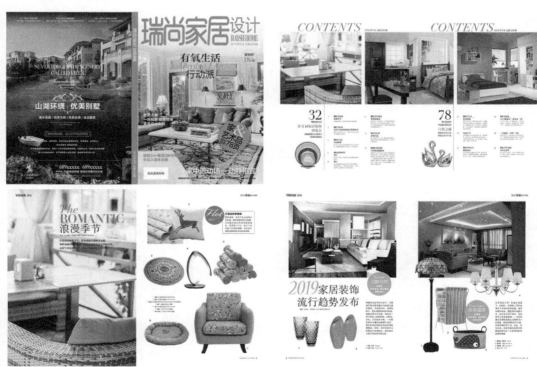

图8-1

图8-1（续）

Photoshop 应用

8.1.1 制作背景效果

（1）打开Photoshop CS6软件，按Ctrl+N组合键，新建一个文件，宽度为18.8 cm，高度为26.6 cm，分辨率为150像素/英寸，颜色模式为RGB，背景内容为白色，单击"确定"按钮。

（2）按Ctrl+O组合键，打开本书学习资源中的"Ch08 > 素材 > 制作家居杂志 > 01"文件，选择"移动"工具，将图片拖曳到图像窗口中适当的位置，效果如图8-2所示，在"图层"控制面板中生成新的图层并将其命名为"图片"。

图8-2

（3）单击"图层"控制面板下方的"添加图层蒙版"按钮，为"图片"图层添加图层蒙版，如图8-3所示。选择"渐变"工具，单击属性栏中的"点按可编辑渐变"按钮，弹出"渐变编辑器"对话框，将渐变色设为黑色到白色，单击"确定"按钮。在图像窗口中拖曳鼠标填充渐变色，松开鼠标左键，效果如图8-4所示。

图8-3   图8-4

（4）将"图片"图层拖曳到"图层"控制面板下方的"创建新图层"按钮上进行复制，生成新的图层"图片 副本"，如图8-5所示。

图8-5

（5）在"图层"控制面板上方，将"图片"图层的混合模式选项设为"正片叠底"，"不透明度"选项设为20%，如图8-6所示，图像效果如图8-7所示。

（6）选择"滤镜 > 模糊 > 高斯模糊"命

令，在弹出的对话框中进行设置，如图8-8所示，单击"确定"按钮，效果如图8-9所示。

图8-6

图8-7

图8-8

图8-9

（7）单击"图层"控制面板下方的"创建新的填充或调整图层"按钮，在弹出的菜单中选择"色阶"命令，在"图层"控制面板中生成"色阶1"图层，同时在弹出的"色阶"面板中进行设置，如图8-10所示，按Enter键确认操作，图像效果如图8-11所示。

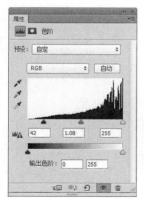
图8-10

图8-11

（8）单击"图层"控制面板下方的"创建新的填充或调整图层"按钮，在弹出的菜单中选择"可选颜色"命令，在"图层"控制面板中生成"选取颜色1"图层，同时弹出"可选颜色"面板，单击"颜色"选项右侧的按钮，在弹出的菜单中选择"绿色"，切换到相应的面板中进行设置，如图8-12所示，按Enter键确认操作，图像效果如图8-13所示。

图8-12

图8-13

（9）单击"图层"控制面板下方的"创建新的填充或调整图层"按钮，在弹出的菜单中选择"色相/饱和度"命令，在"图层"控制面板中生成"色相/饱和度1"图层，同时在弹出的"色相/饱和度"面板中进行设置，如图8-14所示，按Enter键确认操作，图像效果如图8-15所示。

图8-14

图8-15

（10）按Shift+Ctrl+E组合键，合并可见图层。按Ctrl+S组合键，弹出"存储为"对话框，将其命名为"家居杂志背景图"，保存为JPEG格式，单击"保存"按钮，弹出"JPEG选项"对话框，单击"确定"按钮，将图像保存。

Illustrator 应用

8.1.2 添加杂志名称和刊期

（1）打开Illustrator CS6软件，按Ctrl+N组合键，新建一个文档，设置宽度为380 mm，高度为260 mm，取向为横向，颜色模式为CMYK，单击"确定"按钮。

（2）按Ctrl+R组合键，显示标尺。选择"选择"工具 ，在页面中拖曳一条垂直参考线，选择"窗口 > 变换"命令，弹出"变换"面板，将"X"轴选项设为185 mm，如图8-16所示，按Enter键确认操作，效果如图8-17所示。

图8-16   图8-17

（3）保持参考线的选取状态，在"变换"面板中将"X"轴选项设为195 mm，按Alt+Enter组合键，确认操作，效果如图8-18所示。

图8-18

（4）选择"文件 > 置入"命令，弹出"置入"对话框，选择本书学习资源中的"Ch08 > 效果 > 制作家居杂志 > 家居杂志背景图"文件，单击"置入"按钮，将图片置入页面中，在属性中

单击"嵌入"按钮，嵌入图片。选择"选择"工具 ，将图片拖曳到页面中适当的位置，效果如图8-19所示。

图8-19

（5）选择"文字"工具 ，在页面中输入需要的文字，选择"选择"工具 ，在属性栏中选择合适的字体并设置文字大小，效果如图8-20所示。

图8-20

（6）按Ctrl+T组合键，弹出"字符"控制面板，将"水平缩放"选项设为74.4%，其他选项的设置如图8-21所示，按Enter键确认操作，效果如图8-22所示。

图8-21   图8-22

（7）填充文字描边为黑色，并在属性栏中

将"描边粗细"选项设为3 pt，按Enter键确认操作，效果如图8-23所示。按Ctrl+Shift+O组合键，将文字转化为轮廓。选择"对象>扩展外观"命令，扩展文字外观，效果如图8-24所示。设置文字填充颜色为绿色（其CMYK的值分别为70、0、100、10），填充文字，效果如图8-25所示。

图8-23

图8-24

图8-25

（8）选择"文字"工具，在适当的位置分别输入需要的文字，选择"选择"工具，在属性栏中分别选择合适的字体并设置文字大小，效果如图8-26所示。将输入的文字选取，设置文字填充颜色为绿色（其CMYK的值分别为70、0、100、10），填充文字，效果如图8-27所示。

图8-26

图8-27

（9）选取文字"设计"，选择"字符"控制面板，将"水平缩放"选项设为83%，其他选项的设置如图8-28所示，按Enter键确认操作，效果如图8-29所示。

图8-28

图8-29

（10）选取英文"RAYSH HOME"，选择"字符"控制面板，将"水平缩放"选项设为53.5%，其他选项的设置如图8-30所示，按Enter键确认操作，效果如图8-31所示。

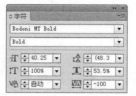

图8-30

图8-31

（11）选取文字"2019年6月 总期209期"，选择"字符"控制面板，将"设置所选字符的字距调整"选项设为40，其他选项的设置如图8-32所示，按Enter键确认操作，效果如图8-33所示。

图8-32

图8-33

8.1.3 添加栏目名称

（1）选择"文字"工具，在适当的位置分别输入需要的文字，选择"选择"工具，在属性栏中分别选择合适的字体并设置文字大小，效果如图8-34所示。选取英文"Aerobic Life"，设置文字填充颜色为天蓝色（其CMYK的值分别为74、10、0、0），填充文字，效果如图8-35所示。

图8-34

图8-35

（2）双击"倾斜"工具，弹出"倾斜"对话框，选项的设置如图8-36所示，单击"确定"按钮，效果如图8-37所示。

（3）选择"选择"工具，选择"字符"

控制面板，将"水平缩放" 选项设为75%，其他选项的设置如图8-38所示，按Enter键确认操作，效果如图8-39所示。

图8-36

图8-37

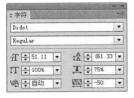

图8-38　　　　　图8-39

（4）选择"椭圆"工具 ，按住Shift键的同时，在适当的位置绘制一个圆形，如图8-40所示。设置描边色为绿色（其CMYK的值分别为70、0、100、10），填充描边，效果如图8-41所示。

图8-40

图8-41

（5）选择"窗口 > 描边"命令，弹出"描边"控制面板，勾选"虚线"选项，数值被激活，各选项的设置如图8-42所示，按Enter键确认操作，效果如图8-43所示。

图8-42

图8-43

（6）选择"文字"工具 ，在适当的位置分别输入需要的文字，选择"选择"工具 ，在属性栏中分别选择合适的字体并设置文字大小，效果如图8-44所示。选取数字"18"，设置文字填充颜色为绿色（其CMYK的值分别为70、0、100、10），填充文字，效果如图8-45所示。

图8-44

图8-45

（7）选择"字符"控制面板，将"设置所选字符的字距调整" 选项设为-50，其他选项的设置如图8-46所示，按Enter键确认操作，效果如图8-47所示。选择"直线段"工具 ，在适当的位置绘制一条斜线，在属性栏中将"描边粗细"选项设为0.75 pt，按Enter键确认操作，效果如图8-48所示。

图8-46

图8-47　　　　　图8-48

（8）选择"文字"工具 ，在适当的位置分别输入需要的文字，选择"选择"工具 ，在属性栏中分别选择合适的字体并设置文字大小，效果如图8-49所示。选取上方的文字，填充文字为白色，效果如图8-50所示。

图8-49

（9）选取下方文字，设置文字填充颜色为绿色（其CMYK的值分别为70、0、100、10），填充文字，效果如图8-51所示。选择"文字"工具 $\boxed{T}$，选取第二个数字"2"，选择"字符"控制面板，单击"上标"按钮 $\boxed{T}$，其他选项的设置如图8-52所示，按Enter键确认操作，效果如图8-53所示。

图8-50

图8-51

图8-52

图8-53

8.1.4 添加其他图形和文字

（1）选择"星形"工具 $\boxed{\star}$，在页面外单击鼠标左键，弹出"星形"对话框，选项的设置如图8-54所示，单击"确定"按钮，出现一个多角星形，如图8-55所示。设置图形填充颜色为绿色（其CMYK的值分别为70、0、100、10），填充图形，并设置描边色为无，效果如图8-56所示。

图8-54

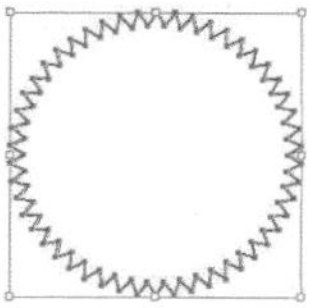

图8-55

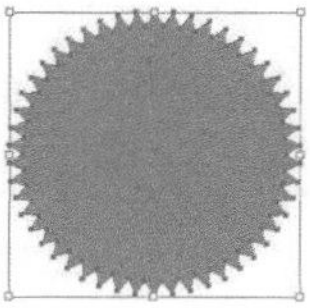

图8-56

（2）选择"效果 > 风格化 > 投影"命令，在弹出的对话框中进行设置，如图8-57所示，单击"确定"按钮，效果如图8-58所示。

图8-57

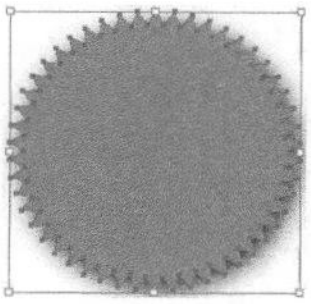

图8-58

（3）选择"文字"工具 $\boxed{T}$，在适当的位置分别输入需要的文字，选择"选择"工具 $\boxed{\blacktriangleright}$，在属性栏中分别选择合适的字体并设置文字大小，效果如图8-59所示。选取文字"&"，设置文字填充颜色为黄色（其CMYK的值分别为0、6、100、0），填充文字，效果如图8-60所示。

图8-59

图8-60

（4）选择"选择"工具 $\boxed{\blacktriangleright}$，按住Shift键的同时，选取需要的文字，选择"字符"控制面板，将"设置所选字符的字距调整" $\boxed{VA}$ 选项设为-50，其他选项的设置如图8-61所示，按Enter键确认操作，效果如图8-62所示。

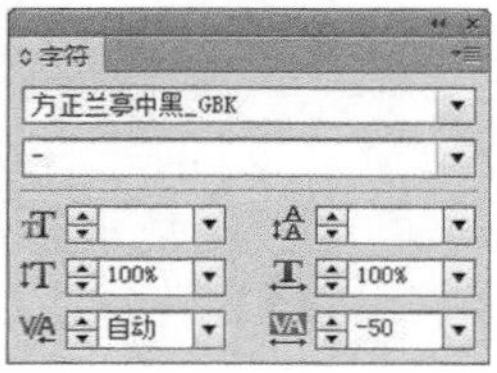

图8-61

图8-62

（5）选取文字"精彩独家"，选择"字符"控制面板，将"设置行距" $\boxed{A}$ 选项设为12 pt，其他选项的设置如图8-63所示，按Enter键确认操作，效果如图8-64所示。

图8-63　　　　　　　　　　　图8-64

（6）选择"选择"工具 ▶，按住Shift键的同时，选取输入的文字，按Ctrl+G组合键，将其编组，如图8-65所示。拖曳右上角的控制手柄将其旋转到适当的角度，效果如图8-66所示。用圈选的方法将图形和文字同时选取，拖曳图形和文字到页面中适当的位置，效果如图8-67所示。

（7）选择"文字"工具 T，在页面中分别输入需要的文字，选择"选择"工具 ▶，在属性栏中分别选择合适的字体并设置文字大小，效果如图8-68所示。选取需要的文字，填充文字为白色，效果如图8-69所示。

图8-65　　　　　　　　　　　图8-66

图8-67　　　　　　　　　　　图8-68

图8-69

（8）选择"字符"控制面板，将"设置所选字符的字距调整"VA选项设为-35，其他选项的

设置如图8-70所示，按Enter键确认操作，效果如图8-71所示。

图8-70　　　　　　　　　　　图8-71

（9）选择"文字"工具 T，在适当的位置单击插入光标，选择"字符"控制面板，将"设置两个字符间的字距微调"VA选项设为-100，其他选项的设置如图8-72所示，按Enter键确认操作，效果如图8-73所示。

图8-72　　　　　　　　　　　图8-73

（10）选择"效果 > 风格化 > 投影"命令，在弹出的对话框中进行设置，如图8-74所示，单击"确定"按钮，效果如图8-75所示。

图8-74　　　　　　　　　　　图8-75

8.1.5　预留条码位置

（1）选择"矩形"工具 ■，在适当的位置绘制一个矩形，填充图形为白色，并设置描边色为无，效果如图8-76所示。

（2）选择"文字"工具 T，在适当的位置输入需要的文字，选择"选择"工具 ▶，在属性栏中选择合适的字体并设置文字大小，效果如图

8-77所示。

 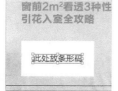

图8-76　　　　　图8-77

8.1.6　制作封底和书脊

（1）选择"文件 > 置入"命令，弹出"置入"对话框，选择本书学习资源中的"Ch08 > 素材 > 制作家居杂志 > 02"文件，单击"置入"按钮，将图片置入页面中，在属性中单击"嵌入"按钮，嵌入图片。选择"选择"工具，将图片拖曳到页面中适当的位置，效果如图8-78所示。

（2）选择"矩形"工具，在适当的位置拖曳鼠标绘制一个矩形，设置图形填充颜色为绿色（其CMYK的值分别为70、0、100、10），填充图形，并设置描边色为无，效果如图8-79所示。

图8-78

图8-79

（3）选择"直排文字"工具，在书脊上分别输入需要的文字。选择"选择"工具，在属性栏中分别选择合适的字体并设置文字大小，将输入的文字同时选取，填充文字为白色，取消文字选取状态，效果如图8-80所示。

图8-80

（4）选取文字"瑞尚家居"，选择"字符"控制面板，将"水平缩放"选项设为74.4%，其他选项的设置如图8-81所示，按Enter键确认操作，效果如图8-82所示。

图8-81　　　　　图8-82

（5）选取英文"RAYSH HOME"，选择"字符"控制面板，将"水平缩放"选项设为53.5%，其他选项的设置如图8-83所示，按Enter键确认操作，效果如图8-84所示。

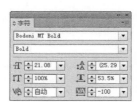

图8-83　　　　　图8-84

（6）选取文字"2019年6月 总期209期"，选择"字符"控制面板，将"设置所选字符的字距调整"VA选项设为40，其他选项的设置如图8-85所示，按Enter键确认操作，效果如图8-86所示。

图8-85　　　　图8-86

InDesign应用

8.1.7　制作主页内容

（1）打开InDesign CS6软件，选择"文件 > 新建 > 文档"命令，弹出"新建文档"对话框，设置如图8-87所示。单击"边距和分栏"按钮，弹出"新建边距和分栏"对话框，设置如图8-88所示，单击"确定"按钮，新建一个页面。选择"视图 > 其他 > 隐藏框架边缘"命令，将所绘制图形的框架边缘隐藏。

图8-87

图8-88

（2）选择"窗口 > 页面"命令，弹出"页面"面板，按住Shift键的同时，单击所有页面的图标，将其全部选取，如图8-89所示。单击面板右上

方的 图标，在弹出的菜单中取消选择"允许选定的跨页随机排布"命令，如图8-90所示。

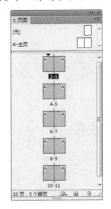

图8-89

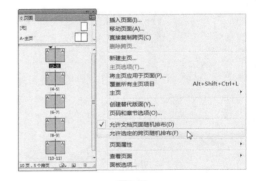

图8-90

（3）双击第二页的页面图标，如图8-91所示。选择"版面 > 页码和章节选项"命令，弹出"页码和章节选项"对话框，设置如图8-92所示，单击"确定"按钮，页面面板显示如图8-93所示。

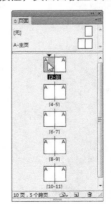

图8-91

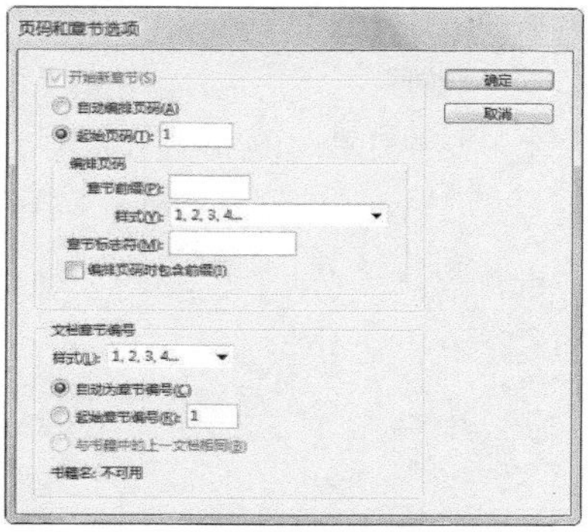

图8-92

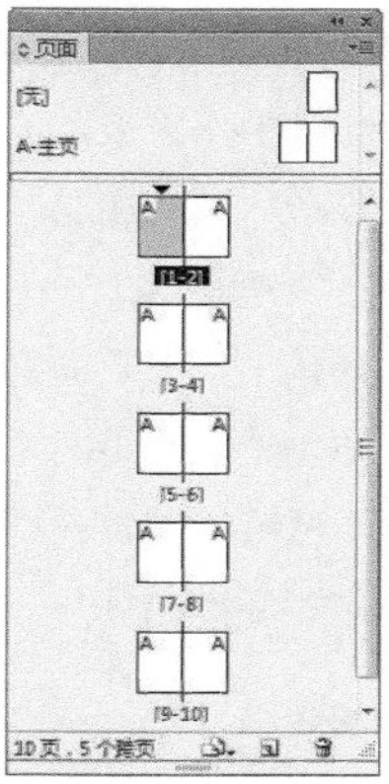

图8-95

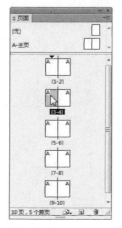

图8-93

图8-96

（4）双击第三页的页面图标，如图8-94所示。选择"版面 > 页码和章节选项"命令，弹出"新建章节"对话框，设置如图8-95所示；单击"确定"按钮，页面面板显示如图8-96所示。

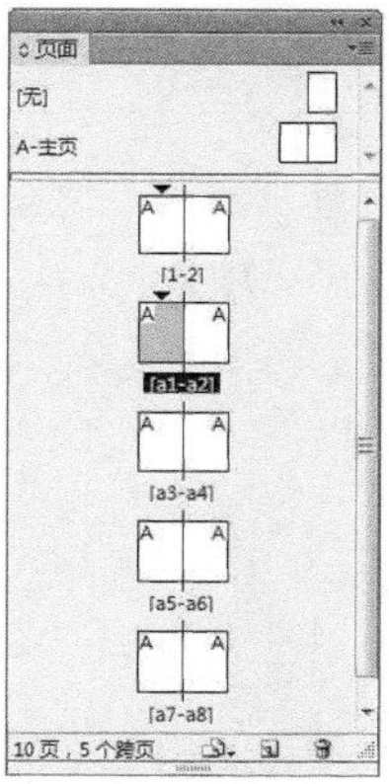

（5）单击"页面"面板右上方的图标，在弹出的菜单中选择"新建主页"命令，在弹出的对话框中进行设置，如图8-97所示，单击"确定"按钮，如图8-98所示。

（6）按Ctrl+R组合键，显示标尺。选择"选择"工具，在页面外拖曳一条水平参考线，在"控制"面板中将"Y"轴选项设为252 mm，如图8-99所示，按Enter键确认操作，效果如图8-100所示。

图8-94

图8-97

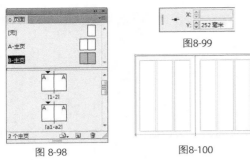

图 8-98

图8-99

图 8-100

（7）选择"选择"工具 ，在页面中拖曳一条垂直参考线，在"控制"面板中将"X"轴选项设为8 mm，如图8-101所示，按Enter键确认操作，效果如图8-102所示。保持参考线的选取状态，并在"控制"面板中将"X"轴选项设为362 mm，按Alt+Enter组合键，确认操作，效果如图8-103所示。选择"视图 > 网格和参考线 > 锁定参考线"命令，将参考线锁定。

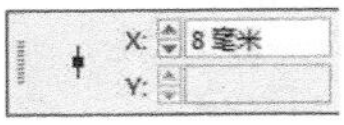

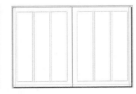

图 8-101

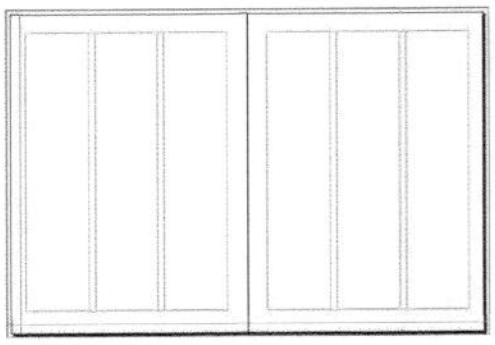

图 8-102

图 8-103

（8）选择"文字"工具 ，在页面右上角分别拖曳两个文本框，输入需要的文字，将输入的文字选取，在"控制"面板中分别选择合适的字体并设置文字大小，取消文字的选取状态，效果如图8-104所示。

（9）选择"文字"工具 ，选取文字"瑞尚"，设置文字填充色的CMYK值为100、0、100、15，填充文字，取消文字的选取状态，效果如图8-105所示。

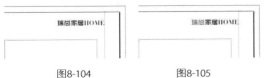

图 8-104

图 8-105

（10）选择"文字"工具 ，在页面左下方拖曳一个文本框，按Ctrl+Shift+Alt+N组合键，在文本框中添加自动页码，如图8-106所示。选取添加的页码，在"控制"面板中选择合适的字体并设置文字大小，效果如图8-107所示。选择"选择"工具 ，选择"对象 > 适合 > 使框架适合内容"命令，使文本框适合文字，如图8-108所示。

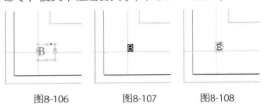

图 8-106   图 8-107   图 8-108

（11）选择"文字"工具 ，在适当的位置拖曳一个文本框，输入需要的文字。将输入的文字选取，在"控制"面板中选择合适的字体并设置文字大小，效果如图8-109所示。选择"选择"工具 ，用圈选的方法将页码和文字同时选取，按住Alt+Shift组合键的同时，用鼠标向右拖曳到跨页上适当的位置，复制页码和文字，并分别调整其位置，效果如图8-110所示。

图 8-109   图 8-110

（12）单击"页面"面板右上方的 图标，在弹出的菜单中选择"将主页应用于页面"命令，如图8-111所示，在弹出的对话框中进行设置，如图8-112所示，单击"确定"按钮，如图8-113所示。

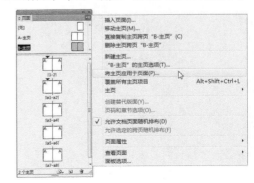

图 8-111

图8-112

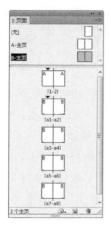

图8-113

8.1.8 制作内页a1和a2

（1）在"状态栏"中单击"文档所属页面"选项右侧的 ▼ 按钮，在弹出的页码中选择"a1"。选择"文件 > 置入"命令，弹出"置入"对话框，选择本书学习资源中的"Ch08 > 素材 > 制作家居杂志 > 03"文件，单击"打开"按钮，在页面空白处单击鼠标置入图片。选择"自由变换"工具 ，将图片拖曳到适当的位置并调整大小，选择"选择"工具 ，裁剪图片，效果如图8-114所示。

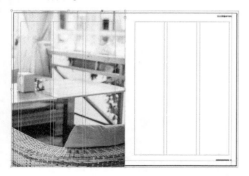

图8-114

（2）选择"文字"工具 T ，在页面左上角

分别拖曳文本框，输入需要的文字，将输入的文字选取，在"控制"面板中选择合适的字体并设置文字大小，取消文字选取状态，效果如图8-115所示。

图8-115

（3）选择"选择"工具 ，选取文字"潮流"，按F11键，弹出"段落样式"面板，单击面板下方的"创建新样式"按钮 ，生成新的段落样式并将其命名为"栏目名称中文"，如图8-116所示。选取英文"VOGUE"，单击面板下方的"创建新样式"按钮 ，生成新的段落样式并将其命名为"栏目名称英文"，如图8-117所示。

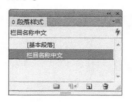 

图8-116　　　　　　　图8-117

（4）选择"文字"工具 T ，在适当的位置分别拖曳文本框，输入需要的文字，将输入的文字选取，在"控制"面板中选择合适的字体并设置文字大小，取消文字选取状态，效果如图8-118所示。

图8-118

（5）选择"文字"工具 T，选取英文"The"，按Ctrl+T组合键，弹出"字符"面板，单击"字体样式"选项右侧的 ▼ 按钮，在弹出的菜单中选择字体样式，如图8-119所示，改变字体样式，效果如图8-120所示。

图8-119 　　　　　图8-120

（6）选择"文字"工具 T，选取英文"ROMANTIC"，在"控制"面板中将"字符间距"选项 AV 0 ▼ 设为-60，按Enter键，效果如图8-121所示。选择"选择"工具 ，将输入的文字同时选取，单击工具箱中的"格式针对文本"按钮 T，设置文字填充色的CMYK值为100、0、100、15，填充文字，效果如图8-122所示。

图8-121 　　　　　图8-122

（7）选取并复制记事本文档中需要的文字。返回到InDesign页面中，选择"文字"工具 T，在适当的位置拖曳一个文本框，将复制的文字粘贴到文本框中，选取输入的文字，在"控制"面板中选择合适的字体并设置文字大小，效果如图8-123所示。

图8-123

（8）选择"选择"工具 ，选取文字，单击"段落样式"面板下方的"创建新样式"按钮

，生成新的段落样式并将其命名为"一级标题1"，如图8-124所示。

图8-124

（9）分别选取并复制记事本文档中需要的文字。返回到InDesign页面中，选择"文字"工具 T，在适当的位置分别拖曳文本框，将复制的文字粘贴到文本框中，选取输入的文字，在"控制"面板中选择合适的字体并设置文字大小，取消文字选取状态，效果如图8-125所示。

（10）选择"文字"工具 T，选取下方的文字，在"控制"面板中将"行距"选项 设为16，按Enter键，效果如图8-126所示。

图8-125 　　　　　图8-126

（11）选择"选择"工具 ，选取文字，单击"段落样式"面板下方的"创建新样式"按钮 ，生成新的段落样式并将其命名为"内文段落1"，如图8-127所示。

（12）选择"文件 > 置入"命令，弹出"置入"对话框，选择本书学习资源中的"Ch08 > 素材 > 制作家居杂志 > 09"文件，单击"打开"按钮，在页面空白处单击鼠标置入图片。选择"自由变换"工具 ，将图片拖曳到适当的位置并调整大小，效果如图8-128所示。

图8-127

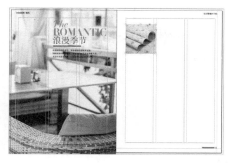

图8-128

（13）选择"文字"工具 T ，在适当的位置拖曳一个文本框，输入需要的文字，将输入的文字选取，在"控制"面板中选择合适的字体并设置文字大小，效果如图8-129所示。

（14）选择"选择"工具 ，选取文字，单击"段落样式"面板下方的"创建新样式"按钮 ，生成新的段落样式并将其命名为"图号"，如图8-130所示。

图8-129　　　　　　图8-130

（15）选择"文件 > 置入"命令，弹出"置入"对话框，选择本书学习资源中的"Ch08 > 素材 > 制作家居杂志 > 10"文件，单击"打开"按钮，在页面空白处单击鼠标置入图片。选择"自由变换"工具 ，将图片拖曳到适当的位置并调整大小，效果如图8-131所示。

图8-131

（16）选择"文字"工具 T ，在适当的位置拖曳一个文本框，输入需要的文字，将输入的文字选取，在"段落样式"面板中单击"图号"

样式，如图8-132所示，取消文字选取状态，效果如图8-133所示。

图8-132　　　　　　图8-133

（17）使用相同的方法置入其他图片并制作如图8-134所示的效果。选择"椭圆"工具 ，按住Shift键的同时，在适当的位置绘制一个圆形，设置图形填充色的CMYK值为100、0、100、15，填充图形，并设置描边色为无，效果如图8-135所示。

图8-134

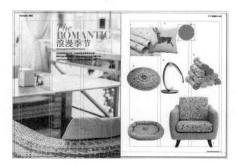

图8-135

（18）选取并复制记事本文档中需要的文字。返回到InDesign页面中，选择"文字"工具 T ，在适当的位置拖曳一个文本框，将复制的文字粘贴到文本框中，选取输入的文字，在"控制"面板中选择合适的字体并设置文字大小，填充文字为白色，效果如图8-136所示。

（19）按Ctrl+X组合键，将文字剪切到剪贴板上。选择"选择"工具，选中下方的绿色圆形，如图8-137所示。选择"编辑 > 贴入内部"命令，将文字贴入绿色圆形的内部，效果如图8-138所示。

图8-136　　　　图8-137　　　　图8-138

（20）选择"直线"工具，按住Shift键的同时，在适当的位置拖曳鼠标绘制一条直线，填充描边为白色，效果如图8-139所示。选择"窗口 > 描边"命令，弹出"描边"面板，在"类型"选项的下拉列表中选择"虚线（3和2）"，其他选项的设置如图8-140所示，虚线效果如图8-141所示。

图8-139

图8-140　　　　　　图8-141

（21）选取并复制记事本文档中需要的文字。返回到InDesign页面中，选择"文字"工具，在适当的位置拖曳一个文本框，将复制的文字粘贴到文本框中，选取输入的文字，在"控制"面板中选择合适的字体并设置文字大小，填充文字为白色，效果如图8-142所示。在"控制"面板中将"字符间距"选项设为100，按Enter键，取消文字选取状态，效果如图8-143所示。

图8-142　　　　　　图8-143

（22）选择"矩形"工具，在适当的位置绘制一个矩形，在"控制"面板中将"描边粗细"选项 设为0.5点，按Enter键，效果如图8-144所示。按Ctrl+Shift+[组合键，将图形置于最底层，效果如图8-145所示。

图8-144　　　　　　图8-145

（23）选取并复制记事本文档中需要的文字。返回到InDesign页面中，选择"文字"工具，在适当的位置拖曳一个文本框，将复制的文字粘贴到文本框中，选取输入的文字，在"控制"面板中选择合适的字体并设置文字大小，效果如图8-146所示。

图8-146

（24）选择"选择"工具，选取文字，单击"段落样式"面板下方的"创建新样式"按钮，生成新的段落样式并将其命名为"二级标题"，如图8-147所示。

图8-147

（25）选取并复制记事本文档中需要的文字。返回到InDesign页面中，选择"文字"工具，在适当的位置拖曳一个文本框，将复制的文字粘贴到文本框中，选取输入的文字，在"控制"面板中选择合适的字体并设置文字大小，效果如图8-148所示。在"控制"面板中将"行距"选项 设为12，按Enter键，效果如图8-149所示。

图8-148　　　　　图8-149

（26）选择"选择"工具，选取文字，单击"段落样式"面板下方的"创建新样式"按钮，生成新的段落样式并将其命名为"内文段落2"，如图8-150所示。

图8-150

（27）选取并复制记事本文档中需要的文字。返回到InDesign页面中，选择"文字"工具，在适当的位置拖曳一个文本框，将复制的文字粘贴到文本框中，选取输入的文字，在"控制"面板中选择合适的字体并设置文字大小，效果如图8-151所示。

图8-151

（28）在"控制"面板中将"行距"选项设为10，单击"居中对齐"按钮，文字居中对齐效果如图8-152所示。

图8-152

（29）选择"字符"面板，将"倾斜"选项设为10°，其他选项的设置如图8-153所示，按Enter键，取消文字选取状态，效果如图8-154所示。

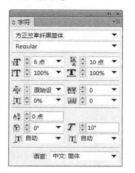

图8-153　　　　　图8-154

（30）选择"文字"工具，选取文字"1.壁纸"，如图8-155所示。在"字符"面板中选择合适的字体，将"倾斜"选项设为0°，按Enter键，取消文字选取状态，效果如图8-156所示。

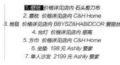

图8-155　　　　　图8-156

（31）选择"文字"工具，选取文字"1."，设置文字填充色的CMYK值为0、90、100、0，填充文字，效果如图8-157所示。使用相同的方法制作其他文字效果，如图8-158所示。

图8-157　　　　　图8-158

8.1.9 制作内页a3和a4

（1）在"状态栏"中单击"文档所属页面"选项右侧的▼按钮，在弹出的页码中选择"a3"。选择"文件 > 置入"命令，弹出"置入"对话框，选择本书学习资源中的"Ch08 > 素材 > 制作家居杂志 > 23"文件，单击"打开"按钮，在页面空白处单击鼠标置入图片。选择"自由变换"工具，将图片拖曳到适当的位置并调整大小，选择"选择"工具，裁剪图片，效果如图8-159所示。

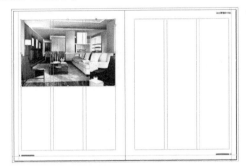

图8-159

（2）选择"文字"工具，在页面中左上角分别拖曳两个文本框，输入需要的文字，取消文字选取状态，效果如图8-160所示。

（3）选择"选择"工具，选取英文"TREND"，如图8-161所示。在"段落样式"面板中单击"栏目名称英文"样式，如图8-162所示，效果如图8-163所示。

图8-160

图8-161

图8-162

图8-163

（4）选择"选择"工具，选取文字"趋势"，如图8-164所示。在"段落样式"面板中单击"栏目名称中文"样式，如图8-165所示，效果如图8-166所示。

图8-164

图8-165

图8-166

（5）分别选取并复制记事本文档中需要的文字。返回到InDesign页面中，选择"文字"工具，在适当的位置分别拖曳文本框，将复制的文字粘贴到文本框中，将输入的文字同时选取，在"段落样式"面板中单击"一级标题1"样式，效果如图8-167所示。

图8-167

（6）选择"文字"工具，选取文字"2019"，在"控制"面板中选择合适的字体并设置文字大小，效果如图8-168所示。

图8-168

（7）选择"字符"面板，将"倾斜"选项T设为10°，如图8-169所示，按Enter键，效果如图8-170所示。设置文字填充色的

CMYK值为60、0、25、0，填充文字，取消文字选取状态，效果如图8-171所示。

图8-169

图8-170　　　　　　图8-171

（8）选取并复制记事本文档中需要的文字。返回到InDesign页面中，选择"文字"工具 T，在适当的位置拖曳一个文本框，将复制的文字粘贴到文本框中，将输入的文字选取，在"控制"面板中选择合适的字体并设置文字大小，取消文字选取状态，效果如图8-172所示。

（9）选择"文件 > 置入"命令，弹出"置入"对话框，选择本书学习资源中的"Ch08 > 素材 > 制作家居杂志 > 16"文件，单击"打开"按钮，在页面空白处单击鼠标置入图片。选择"自由变换"工具，将图片拖曳到适当的位置并调整大小，效果如图8-173所示。

图8-172　　　　　　图8-173

（10）选择"选择"工具 ，按住Alt键的

同时，用鼠标向右拖曳图片到适当的位置，复制图片，选择"自由变换"工具，调整其大小，效果如图8-174所示。

（11）选择"文字"工具 T，在适当的位置拖曳一个文本框，输入需要的文字。将输入的文字选取，在"段落样式"面板中单击"图号"样式，取消文字选取状态，效果如图8-175所示。使用相同的方法制作其他图片和文字，效果如图8-176所示。

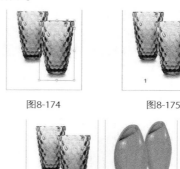

图8-174　　　　　　图8-175

图8-176

（12）选择"椭圆"工具 ，按住Shift键的同时，在适当的位置绘制一个圆形，设置图形填充色的CMYK值为60、0、25、0，填充图形，并设置描边色为无，效果如图8-177所示。

（13）分别选取并复制记事本文档中需要的文字。返回到InDesign页面中，选择"文字"工具 T，在适当的位置分别拖曳文本框，将复制的文字粘贴到文本框中，将输入的文字选取，在"控制"面板中分别选择合适的字体并设置文字大小，填充文字为白色，效果如图8-178所示。

图8-177　　　　　　图8-178

（14）选择"文字"工具 T，选取英文"Nature"，选择"字符"面板，将"倾斜"选项 T ⊙ 0° 设为10°，如图8-179所示，按Enter键，效果如图8-180所示。

图8-179

图8-180

（15）选取文字"关键…色彩"，在"控制"面板中将"行距"选项 ⊙ 0点 设为12点，单击"居中对齐"按钮，文字居中对齐效果如图8-181所示。选择"直线"工具 /，按住Shift键的同时，在适当的位置拖曳鼠标绘制一条直线，填充描边为白色，效果如图8-182所示。

图8-181

图8-182

（16）选择"描边"面板，在"类型"选项的下拉列表中选择"圆点"，其他选项的设置如图8-183所示，虚线效果如图8-184所示。选择"选择"工具，选取虚线，按Alt+Shift组合键的同时，水平向右拖曳虚线到适当的位置，复制虚线，效果如图8-185所示。

图8-183

图8-184

图8-185

（17）选取并复制记事本文档中需要的文字。返回到InDesign页面中，选择"文字"工具 T，在适当的位置拖曳一个文本框，将复制的文字粘贴到文本框中，将输入的文字同时选取，在"段落样式"面板中单击"内文段落2"样式，效果如图8-186所示。

图8-186

（18）选取并复制记事本文档中需要的文字。返回到InDesign页面中，选择"文字"工具 T，在适当的位置拖曳一个文本框，将复制的文字粘贴到文本框中，将输入的文字选取，在"控制"面板中选择合适的字体并设置文字大小，效果如图8-187所示。

图8-187

（19）选择"字符"面板，将"行距"选项 ⊙ 0点 设为10点，"倾斜"选项 T ⊙ 0° 设为10°，其他选项的设置如图8-188所示，按Enter键，取消文字选取状态，效果如图8-189所示。

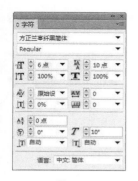

字符
方正兰亭纤黑简体
Regular
6点
10点
100%
100%
原始设
0
0%
0
0点
0°
10°
自动
自动
语言：中文：简体

图8-188

创新的方式被组合，构成室内
与室外空间的平稳过渡。
1. 花瓶 韩国 Gaeder
2. 花篮 韩国 Fores Ling

图8-189

（20）选择“文字”工具，分别选取需要的文字，在“字符”面板中选择合适的字体，将“倾斜”选项设为0°，按Enter键，取消文字选取状态，效果如图8-190所示。

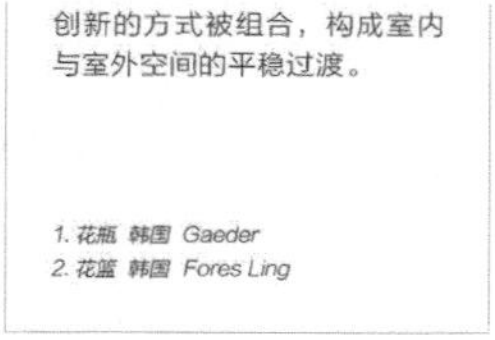

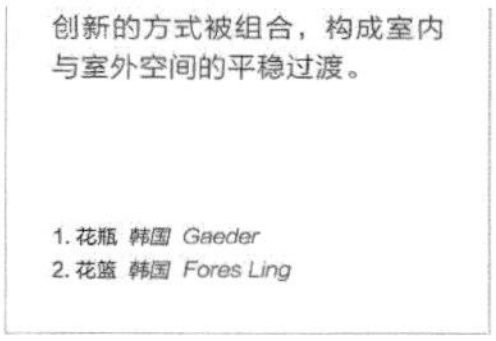

创新的方式被组合，构成室内
与室外空间的平稳过渡。
1. 花瓶 韩国 Gaeder
2. 花篮 韩国 Fores Ling

图8-190

（21）在“状态栏”中单击“文档所属页面”选项右侧的按钮，在弹出的页码中选择“a4”。使用与上述相同的方法制作出如图8-191所示的效果。

2019家居装饰
流行趋势发布

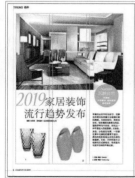

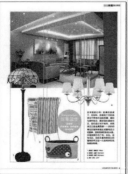

图8-191

8.1.10　制作内页a5和a6

（1）在“状态栏”中单击“文档所属页面”选项右侧的按钮，在弹出的页码中选择“a5”。选择“文件 > 置入”命令，弹出“置入”对话框，选择本书学习资源中的“Ch08 > 素材 > 制作家居杂志 > 24”文件，单击“打开”按钮，在页面空白处单击鼠标置入图片。选择“自由变换”工具，将图片拖曳到适当的位置并调整大小，选择“选择”工具，裁剪图片，效果如图8-192所示。

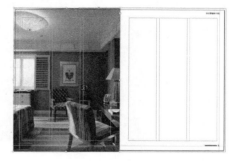

图8-192

（2）选择“文字”工具，在页面中左上角分别拖曳两个文本框，输入需要的文字，取消文字选取状态，效果如图8-193所示。

STYLE　格调

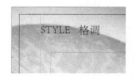

图8-193

（3）选择“选择”工具，选取英文“STYLE”，如图8-194所示。在“段落样式”面板中单击“栏目名称英文”样式，如图8-195所示，效果如图8-196所示。

（4）选择“选择”工具，选取文字“格调”，如图8-197所示。在“段落样式”面板中单击“栏目名称中文”样式，如图8-198所示，效果如图8-199所示。

STYLE　格调

图8-194

段落样式
栏目名称英文
[基本段落]
栏目名称中文
栏目名称英文
一级标题1

图8-195

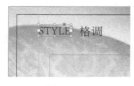

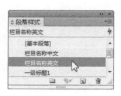

图8-196　　　　　　　　图8-197

图8-198　　　　　　　　图8-199

（5）选取并复制记事本文档中需要的文字。返回到InDesign页面中，选择"文字"工具[T]，在适当的位置拖曳一个文本框，将复制的文字粘贴到文本框中，将输入的文字选取，在"控制"面板中选择合适的字体并设置文字大小，效果如图8-200所示。在"控制"面板中将"字符间距"选项[AV] [0 ▼] 设为-75，按Enter键，效果如图8-201所示。

图8-200　　　　　　　图8-201

（6）选择"字符"面板，单击"字体样式"选项右侧的[▼]按钮，在弹出的菜单中选择字体样式式，如图8-202所示，改变字体样式，效果如图8-203所示。设置文字填充色的CMYK值为0、90、100、

图8-202

0，填充文字，取消文字选取状态，效果如图8-204所示。

图8-203　　　　　　　　图8-204

（7）选取并复制记事本文档中需要的文字。返回到InDesign页面中，选择"文字"工具[T]，在适当的位置拖曳一个文本框，将复制的文字粘贴到文本框中，将输入的文字同时选取，在"段落样式"面板中单击"一级标题1"样式，效果如图8-205所示。

（8）选取并复制记事本文档中需要的文字。返回到InDesign页面中，选择"文字"工具[T]，在适当的位置拖曳一个文本框，将复制的文字粘贴到文本框中，将输入的文字选取，在"控制"面板中选择合适的字体并设置文字大小，取消文字选取状态，效果如图8-206所示。

图8-205　　　　　　　　图8-206

（9）选取并复制记事本文档中需要的文字。返回到InDesign页面中，选择"文字"工具[T]，在适当的位置拖曳一个文本框，将复制的文字粘贴到文本框中，将输入的文字同时选取，在"段落样式"面板中单击"内文段落1"样式，效果如图8-207所示。

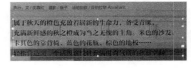

图8-207

（10）选择"矩形"工具[□]，在适当的位置绘制一个矩形，填充图形为白色，并设置描边色为无，效果如图8-208所示。在"控制"面板中将"不透明度"选项[100% ▶]设为30%，按Enter键，效

果如图8-209所示。

图8-208 图8-209

（11）分别选取并复制记事本文档中需要的文字。返回到InDesign页面中，选择"文字"工具 T ，在适当的位置分别拖曳文本框，将复制的文字粘贴到文本框中，在"控制"面板中选择合适的字体并设置文字大小，填充字体颜色为白色，效果如图8-210所示。选取英文"TIPS"，在"控制"面板中将"字符间距"选项 AV 0 设为-75，按Enter键，效果如图8-211所示。

图8-210 图8-211

（12）选择"字符"面板，单击"字体样式"选项右侧的 ▼ 按钮，在弹出的菜单中选择字体样式，如图8-212所示，改变字体样式，效果如图8-213所示。

（13）保持文字选取状态，设置文字填充色的CMYK值为0、90、100、0，填充文字，取消文字选取状态，效果如图8-214所示。选择"文字"工具 T ，选取下方的文字，在"控制"面板中将"行距"选项 0点 设为12

点，按Enter键，取消文字选取状态，效果如图8-215所示。

图8-212 图8-213

图8-214 图8-215

（14）选择"矩形"工具 ▭ ，在适当的位置绘制一个矩形，在"控制"面板中将"描边粗细"选项 0.283点 设为0.5点，按Enter键，效果如图8-216所示。选择"选择"工具 ▶ ，按住Alt+Shift组合键的同时，水平向右拖曳图形到适当的位置，复制图形，效果如图8-217所示。

图8-216

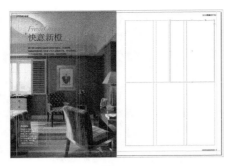

图8-217

（15）选择"选择"工具，用圈选的方法将所绘制的图形同时选取，按住Alt+Shift组合键的同时，垂直向下拖曳图形到适当的位置，复制图形，效果如图8-218所示。

图8-218

（16）选择"文件 > 置入"命令，弹出"置入"对话框，选择本书学习资源中的"Ch08 > 素材 > 制作家居杂志 > 25"文件，单击"打开"按钮，在页面空白处单击鼠标置入图片。选择"自由变换"工具，将图片拖曳到适当的位置并调整大小，效果如图8-219所示。

图8-219

（17）保持图片的选取状态。按Ctrl+X组合

键，将图片剪切到剪贴板上。选择"选择"工具，选中下方的矩形，选择"编辑 > 贴入内部"命令，将图片贴入矩形的内部，并设置描边色为无，效果如图8-220所示。使用相同的方法置入其他图片并制作出如图8-221所示的效果。

图8-220

图8-221

（18）选取并复制记事本文档中需要的文字。返回到InDesign页面中，选择"文字"工具，在适当的位置拖曳一个文本框，将复制的文字粘贴到文本框中，将输入的文字同时选取，在"段落样式"面板中单击"二级标题"样式，效果如图8-222所示。

图8-222

（19）选取并复制记事本文档中需要的文字。返回到InDesign页面中，选择"文字"工具 ⊤，在适当的位置拖曳一个文本框，将复制的文字粘贴到文本框中，将输入的文字同时选取，在"段落样式"面板中单击"内文段落2"样式，效果如图8-223所示。

图8-223

（20）选取并复制记事本文档中需要的文字。返回到InDesign页面中，选择"文字"工具 ⊤，在适当的位置拖曳一个文本框，将复制的文字粘贴到文本框中，将输入的文字选取，在"控制"面板中选择合适的字体并设置文字大小，效果如图8-224所示。在"控制"面板中将"行距"选项 设为10点，按Enter键，效果如图8-225所示。

图8-224

图8-225

（21）保持文字的选取状态。按Ctrl+Alt+T组

合键，弹出"段落"面板，选项的设置如图8-226所示，按Enter键，效果如图8-227所示。

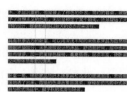

图8-226　　　　　　图8-227

（22）保持文字的选取状态。按住Alt键的同时，单击"控制"面板中的"项目符号列表" ，在弹出的对话框中将"列表类型"设为项目符号，单击"添加"按钮，在弹出的"添加项目符号"对话框中选择需要的符号，如图8-228所示，单击"确定"按钮，回到"项目符号和编号"对话框中，设置如图8-229所示，单击"确定"按钮，效果如图8-230所示。

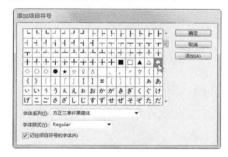

图8-228

图8-229

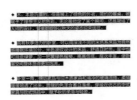

图8-230

（23）选择"选择"工具,选取文字,单击"段落样式"面板下方的"创建新样式"按钮,生成新的段落样式并将其命名为"内文段落3",如图8-231所示。

图8-231

8.1.11 制作内页a7和a8

（1）在"状态栏"中单击"文档所属页面"选项右侧的![]按钮,在弹出的页码中选择"a7"。选择"文件 > 置入"命令,弹出"置入"对话框,选择本书学习资源中的"Ch08 > 素材 > 制作家居杂志 > 28"文件,单击"打开"按钮,在页面空白处单击鼠标置入图片。选择"自由变换"工具![],将图片拖曳到适当的位置并调整大小,选择"选择"工具![],裁剪图片,效果如图8-232所示。

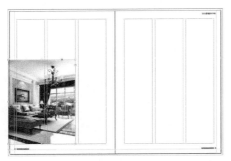

图8-232

（2）选择"文字"工具![T],在页面中左上角分别拖曳两个文本框,输入需要的文字,取消

文字的选取状态,效果如图8-233所示。

（3）选择"选择"工具![],选取英文"EXPERTS",如图8-234所示。在"段落样式"面板中单击"栏目名称英文"样式,如图8-235所示,效果如图8-236所示。

图8-233 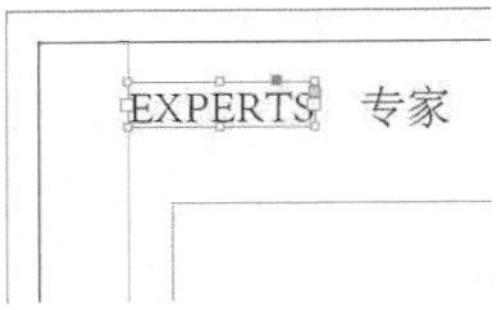　　　　　　图8-234

图8-235　　　　　　图8-236

（4）选择"选择"工具![],选取文字"专家",如图8-237所示。在"段落样式"面板中单击"栏目名称中文"样式,如图8-238所示,效果如图8-239所示。

图8-237

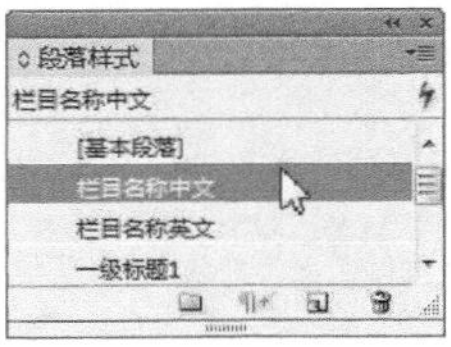

图8-238 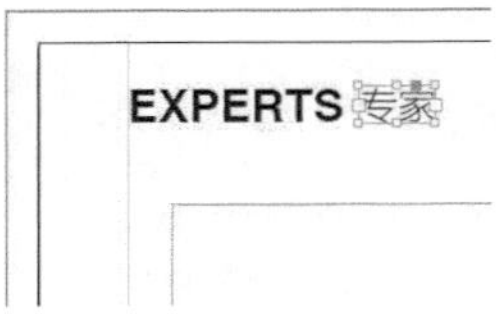　　　　　　图8-239

（5）选择"矩形"工具![],在适当的位置绘制一个矩形,在"控制"面板中将"描边粗细"选项设为0.5点,按Enter键,效果如图8-240所示。

（6）选择"添加锚点"工具![],分别在矩形上适当的位置单击鼠标左键添加两个锚点,如图8-241所示。选择"直接选择"工具![],选取需要的线段,按Delete键将其删除,效果如图8-242所示。

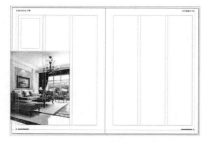

图8-240

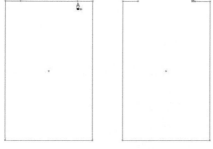

图8-241　　　　　　　　图8-242

（7）选取并复制记事本文档中需要的文字。返回到InDesign页面中，选择"文字"工具 T ，在适当的位置拖曳一个文本框，将复制的文字粘贴到文本框中，将输入的文字选取，在"控制"面板中选择合适的字体并设置文字大小，效果如图8-243所示。在"控制"面板中将"字符间距"选项 💠 0 ▾ 设为800，按Enter键，取消文字选取状态，效果如图8-244所示。

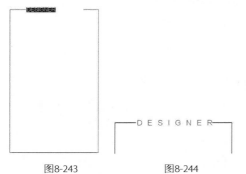

图8-243　　　　　　　　图8-244

（8）选择"矩形框架"工具 ⊠ ，在适当的位置绘制一个矩形框架，如图8-245所示。选择"文件 > 置入"命令，弹出"置入"对话框，选择本书学习资源中的"Ch08 > 素材 > 制作家居杂

志 > 31"文件，单击"打开"按钮，在页面空白处单击鼠标置入图片。选择"自由变换"工具 ⊞ ，将图片拖曳到适当的位置并调整大小，效果如图8-246所示。

图8-245　　　　　　　　图8-246

（9）保持图片的选取状态。按Ctrl+X组合键，将图片剪切到剪贴板上。选择"选择"工具 ▶ ，选中下方的矩形框架，选择"编辑 > 贴入内部"命令，将图片贴入矩形框架的内部，效果如图8-247所示。

（10）分别选取并复制记事本文档中需要的文字。返回到InDesign页面中，选择"文字"工具 T ，在适当的位置分别拖曳文本框，将复制的文字粘贴到文本框中，将输入的文字选取，在"控制"面板中选择合适的字体并设置文字大小，取消文字选取状态，效果如图8-248所示。

图8-247　　　　　　　　图8-248

（11）选取文字"荷兰…总监"，在"控制"面板中将"行距"选项 🔼 0点 ▾ 设为12点，单击"居中对齐"按钮 ☰ ，文字居中对齐效果如

图8-249所示。

图8-249

（12）选择"椭圆"工具 ，按住Shift键的同时，在适当的位置绘制一个圆形，设置图形填充色的CMYK值为0、15、25、0，填充图形，并设置描边色为无，效果如图8-250所示。

图8-250

（13）分别选取并复制记事本文档中需要的文字。返回到InDesign页面中，选择"文字"工具 T，在适当的位置分别拖曳文本框，将复制的文字粘贴到文本框中，将输入的文字选取，在"控制"面板中分别选择合适的字体并设置文字大小，效果如图8-251所示。

图8-251

（14）选择"字符"面板，将"字符间距"选项 ⚹ 0 设为-50，"倾斜"选项 T 0° 设为10°，其他选项的设置如图8-252所示，按Enter键，取消文字的选取状态，效果如图8-253所示。

图8-252

图8-253

（15）选取并复制记事本文档中需要的文字。返回到InDesign页面中，选择"文字"工具 T，在适当的位置拖曳一个文本框，将复制的文字粘贴到文本框中，将输入的文字选取，在"控制"面板中选择合适的字体并设置文字大小，效果如图8-254所示。

（16）选择"选择"工具 ▶，选取文字。单击"段落样式"面板下方的"创建新样式"按钮 ，生成新的段落样式并将其命名为"一级标题2"，如图8-255所示。

图8-254

图8-255

（17）选取并复制记事本文档中需要的文字。返回到InDesign页面中，选择"文字"工具

T，在适当的位置拖曳一个文本框，将复制的文字粘贴到文本框中，将输入的文字同时选取，在"段落样式"面板中单击"内文段落1"样式，效果如图8-256所示。

（18）选择"文件 > 置入"命令，弹出"置入"对话框，选择本书学习资源中的"Ch08 > 素材 > 制作家居杂志 > 30"文件，单击"打开"按钮，在页面空白处单击鼠标置入图片。选择"自由变换"工具，将图片拖曳到适当的位置并调整大小，效果如图8-257所示。

图8-256

图8-257

（19）选择"文字"工具T，在适当的位置拖曳出一个文本框。选择"表 > 插入表"命令，在弹出的对话框中进行设置，如图8-258所示，单击"确定"按钮，效果如图8-259所示。

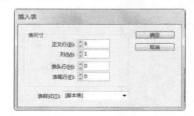

图8-258

图8-259

（20）将光标移至表的左上方，当光标变为箭头形状时，单击鼠标左键选取整个表，如图8-260所示。选取并复制记事本文档中需要的文字。返回到InDesign页面中，将复制的文字粘贴到表格中，如图8-261所示。在"段落样式"面板中单击"内文段落2"样式，效果如图8-262所示。

图8-260

图8-261　　　　　图8-262

（21）选择"文字"工具T，选取文字"采光"，在"段落样式"面板中单击"二级标题"样式，效果如图8-263所示。使用相同的方法分别选取其他文字并应用"二级标题"样式，效果如图8-264所示。

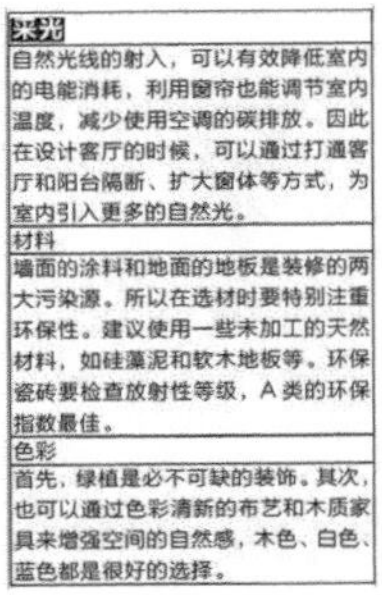

图8-263 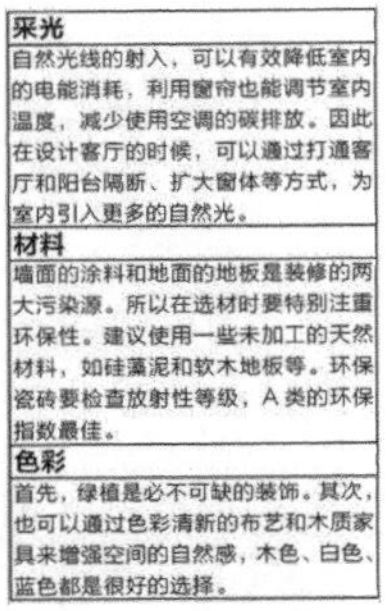　　　　　图8-264

（22）将鼠标光标移到表第一行的左边缘，当光标变为图标➡时，单击鼠标左键，第一行被选中，如图8-265所示。设置表格填充色的CMYK值为0、5、15、0，填充表格，效果如图8-266所示。使用相同的方法分别选中其他表格并填充相同的颜色，效果如图8-267所示。

（23）选择"文字"工具[T]，分别在适当的位置单击插入光标，按Enter键插入空白行，如图8-268所示。

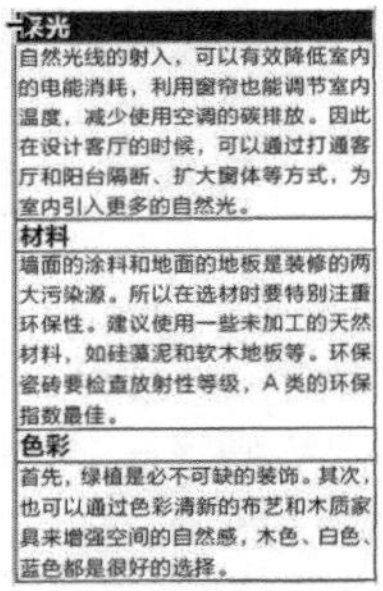

图8-265 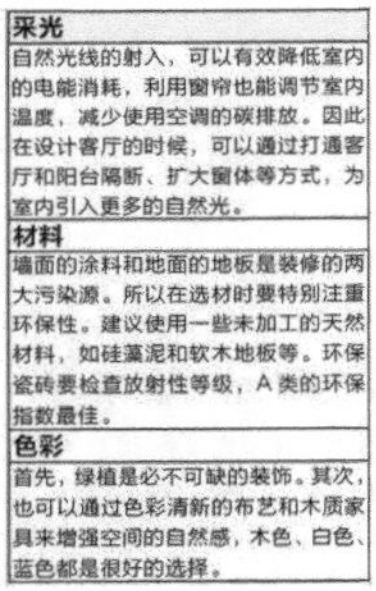　　　　　图8-266

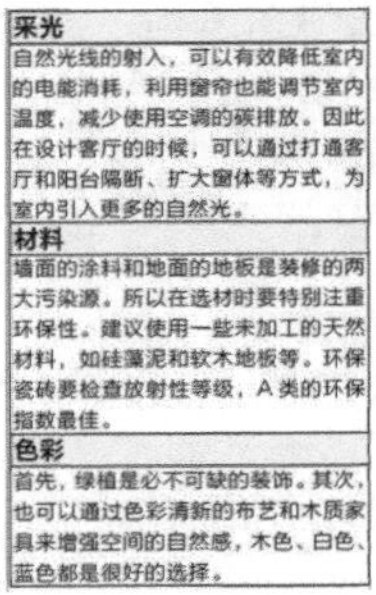

图8-267 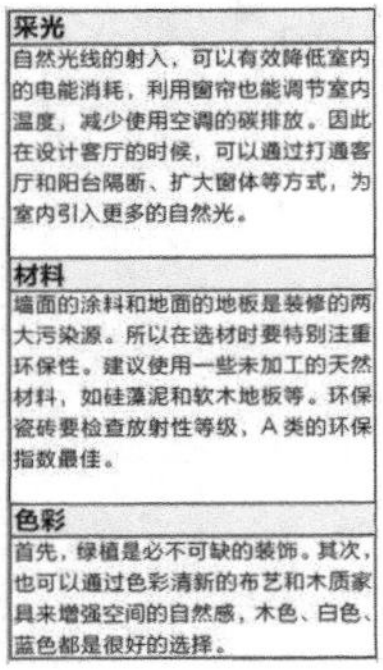　　　　　图8-268

（24）将光标移到表第二行的左边缘，当光标

变为图标➡时，单击鼠标左键，第二行被选中，如图8-269所示。按Shift+F9组合键，弹出"表"面板，将"上单元格内边距"选项设置为1.5 mm，如图8-270所示，按Enter键，效果如图8-271所示。使用相同的方法制作其他文字，效果如图8-272所示。

图8-269

图8-270

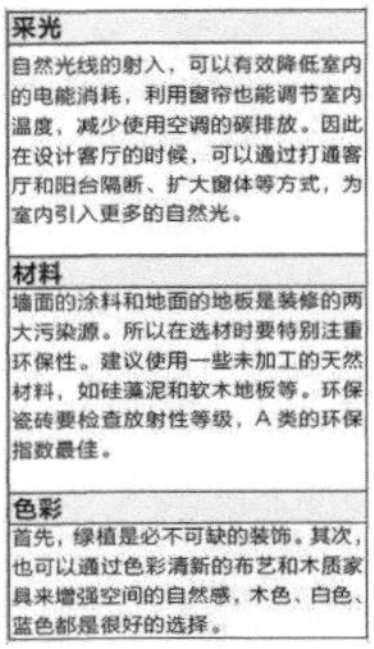

图8-271 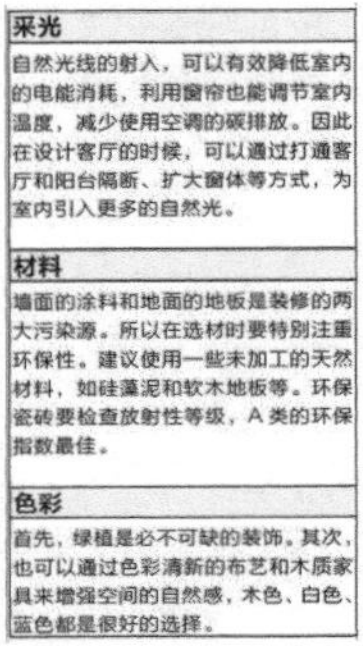　　　　　图8-272

（25）将光标移至表的左上方，当光标变为箭头形状↘时，单击鼠标左键选取整个表，如图8-273所示。设置描边色为无，取消选取状态，效果如图8-274所示。

图8-273 　　　　　图8-274

（26）选择“矩形”工具，在适当的位置绘制一个矩形，设置图形填充色的CMYK值为0、0、0、30，填充图形，并设置描边色为无，效果如图8-275所示。

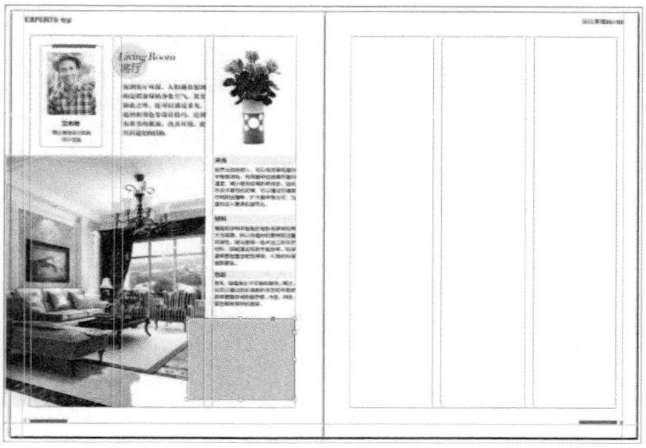

图8-275

（27）单击“控制”面板中的“投影”按钮，为图形添加投影，效果如图8-276所示。选择“文件 > 置入”命令，弹出“置入”对话框，选择本书学习资源中的“Ch08 > 素材 > 制作家居杂志 > 33”文件，单击“打开”按钮，在页面空白处单击鼠标置入图片。选择“自由变换”工具，将图片拖曳到适当的位置并调整大小，效果如图8-277所示。

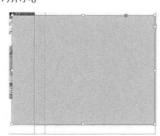

图8-276

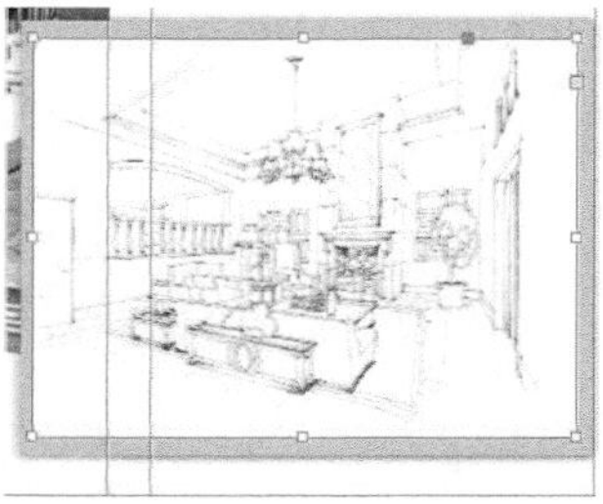

图8-277

（28）在“状态栏”中单击“文档所属页面”选项右侧的按钮，在弹出的页码中选择“a8”。使用与上述相同的方法制作出如图8-278所示的效果。

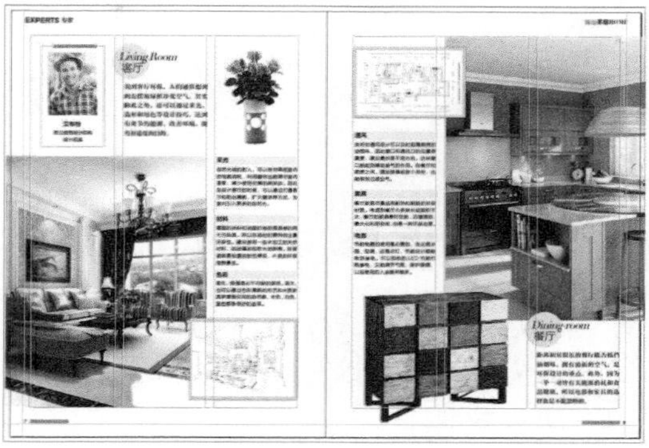

图8-278

8.1.12　制作杂志目录

（1）在“状态栏”中单击“文档所属页面”选项右侧的按钮，在弹出的页码中选择“1”。选择“文件 > 置入”命令，弹出“置入”对话框，选择本书学习资源中的“Ch08 > 素材 > 制作家居杂志 > 03、04”文件，单击“打开”按钮，在页面空白处分别单击鼠标置入图片。选择“自由变换”工具，将图片分别拖曳到适当的位置并调整大小，选择“选择”工具，分别裁剪图片，效果如图8-279所示。

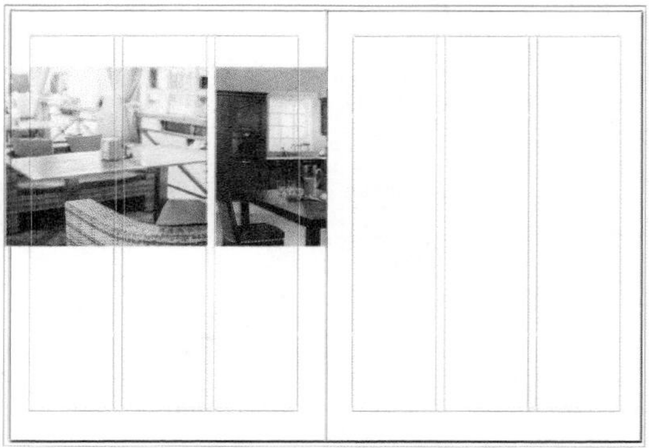

图8-279

（2）分别选取并复制记事本文档中需要的

文字。返回到InDesign页面中，选择"文字"工具[T]，在适当的位置分别拖曳文本框，将复制的文字粘贴到文本框中，将输入的文字选取，在"控制"面板中选择合适的字体并设置文字大小，效果如图8-280所示。

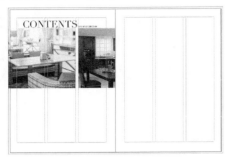

图8-280

（3）选取文字"CONTENTS"，选择"字符"面板，单击"字体样式"选项右侧的[▼]按钮，在弹出的菜单中选择字体样式，如图8-281所示，改变字体样式，效果如图8-282所示。设置文字填充色的CMYK值为100、0、100、15，填充文字，取消文字选取状态，效果如图8-283所示。

图8-281

图8-282

图8-283

（4）分别选取并复制记事本文档中需要的文字。返回到InDesign页面中，选择"文字"工具[T]，在"控制"面板中单击"右对齐"按钮，在适当的位置分别拖曳文本框，将复制的文字粘贴到文本框中，将输入的文字选取，在"控制"面板中分别选择合适的字体并设置文字大小，效果如图8-284所示。

图8-284

（5）选择"文字"工具[T]，选取需要的文字，在"控制"面板中将"行距"选项[设为18点，按Enter键，效果如图8-285所示。设置文字填充色的CMYK值为100、0、100、15，填充文字，取消文字选取状态，效果如图8-286所示。

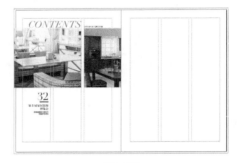

图8-285    图8-286

（6）选择"文字"工具 T，选取需要的文字，在"控制"面板中将"行距"选项 $\stackrel{\textstyle A}{\textstyle A}$ 0点 设为12点，按Enter键，效果如图8-287所示。选择"直线"工具 ，按住Shift键的同时，在适当的位置拖曳鼠标绘制一条直线，在"控制"面板中将"描边粗细"选项 0.283 设为0.5点，按Enter键，效果如图8-288所示。

图8-287 　　　　　图8-288

（7）选择"文件 > 置入"命令，弹出"置入"对话框，选择本书学习资源中的"Ch08 > 素材 > 制作家居杂志 > 07"文件，单击"打开"按钮，在页面空白处单击鼠标置入图片。选择"自由变换"工具 ，将图片拖曳到适当的位置并调整大小，效果如图8-289所示。

图8-289

（8）在"字符样式"面板中，单击面板下方的"创建新样式"按钮 ，生成新的字符样式并将其命名为"页码"。双击"页码"样式，弹出"字符样式选项"对话框，单击"基本字符格式"选项，弹出相应的对话框，设置如图8-290所示；单击左侧的"字符颜色"选项，弹出相应的对话框，设置如图8-291所示，单击"确定"按钮。

图8-290

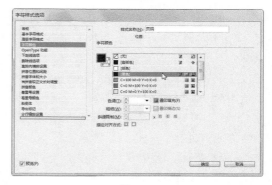

图8-291

（9）在"段落样式"面板中，单击面板下方的"创建新样式"按钮 ，生成新的段落样式并将其命名为"目录1"。双击"目录1"样式，弹出"段落样式选项"对话框，单击"基本字符格式"选项，弹出相应的对话框，设置如图8-292所示；单击左侧的"字符颜色"选项，弹出相应的对话框，设置如图8-293所示，单击"确定"按钮。

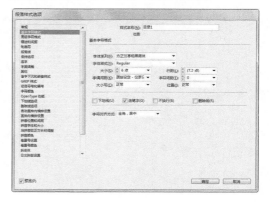

图8-292

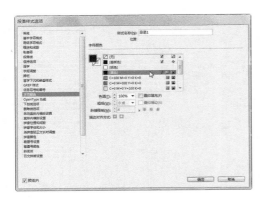

图8-293

（10）在"段落样式"面板中，单击面板下方的"创建新样式"按钮 ，生成新的段落样式并将其命名为"目录2"。双击"目录2"样式，弹出"段落样式选项"对话框，单击"基本字符格式"选项，弹出相应的对话框，设置如图8-294所示；单击左侧的"字符颜色"选项，弹出相应的对话框，设置如图8-295所示，单击"确定"按钮。

图8-294

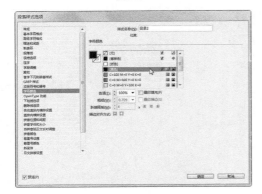

图8-295

（11）在"段落样式"面板中，单击面板下方的"创建新样式"按钮 ，生成新的段落样式并将其命名为"目录3"。双击"目录3"样式，弹出"段落样式选项"对话框，单击"基本字符格式"选项，弹出相应的对话框，设置如图8-296所示；单击左侧的"字符颜色"选项，弹出相应的对话框，设置如图8-297所示，单击"确定"按钮。

图8-296

图8-297

（12）选择"版面 > 目录"命令，弹出"目录"对话框，在"其他样式"列表中选择"栏目名称中文"，如图8-298所示；单击"添加"按钮 << 添加(A) ，将"栏目名称中文"添加到"包含段落样式"列表中，如图8-299所示。在"样式：栏目名称中文"选项组中，单击"条目样式"选项右侧的▼按钮，在弹出的菜单中选择"目录1"；单击"页码"选项右侧的▼按钮，在弹出

的菜单中选择"条目前"；单击"样式"选项右侧的 ▼ 按钮，在弹出的菜单中选择"页码"，如图8-300所示。

图8-298

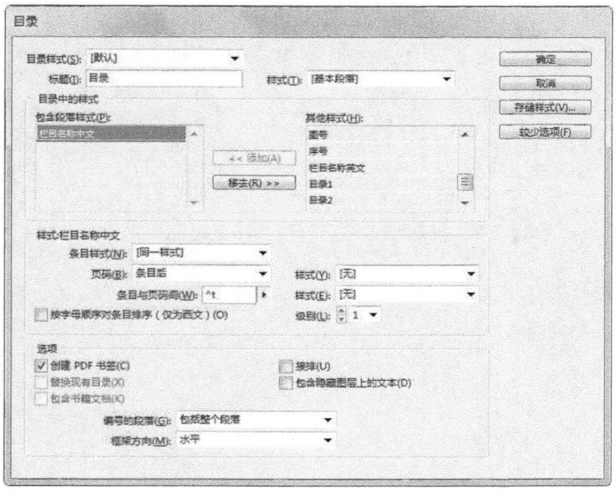

图8-299

（13）在"其他样式"列表中选择"栏目名称英文"，单击"添加"按钮 << 添加(A)，将"栏目名称英文"添加到"包含段落样式"列表中，其他选项的设置如图8-301所示。在"其他样式"列表中选择"一级标题1"，单击"添加"按钮 << 添加(A)，将"一级标题1"添加到"包含段落样式"列表中，其他选项的设置如图8-302所示。在"其他样式"列表中选择"一级标题2"，单击"添加"按钮 << 添加(A)，将"一级标题2"添加到"包含段落样式"列表中，其他选项的设置如图8-303所示。

图8-301

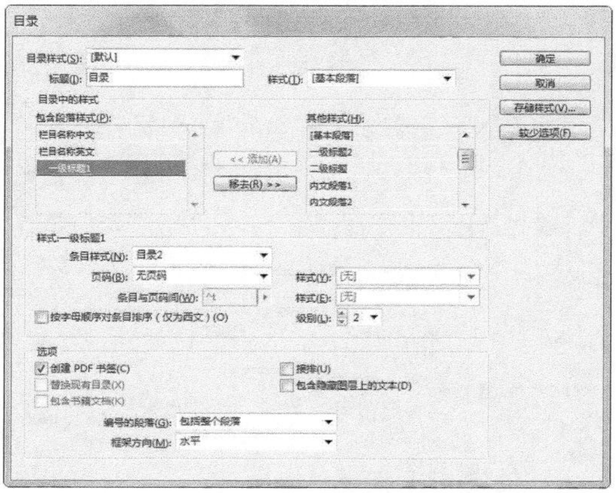

图8-302

图8-300

图8-303

（14）单击"确定"按钮，在页面中拖曳鼠标，提取目录，效果如图8-304所示。选择"文字"工具【T】，在提取的目录中选取不需要的文字和空格，按Delete键，将其删除，效果如图8-305所示。

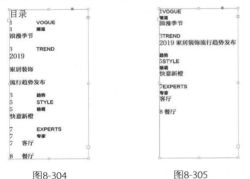

图8-304　　　　　　　　图8-305

（15）选择"文字"工具【T】，选取需要的文字，如图8-306所示，按Ctrl+X组合键，剪切文字。在数字"1"后，按Ctrl+V组合键，粘贴文字，效果如图8-307所示。使用相同的方法调整其他文字，效果如图8-308所示。

图8-306　　　　图8-307　　　　图8-308

（16）选取并复制记事本文档中需要的文字。

返回到InDesign页面中，选择"文字"工具【T】，在文字"浪漫季节"后，按Enter键，将光标换到下一行，如图8-309所示。按Ctrl+V组合键，粘贴文字，将文字选取，在"段落样式"面板中单击"目录3"样式，取消选取状态，效果如图8-310所示。

图8-309　　　　　　　　图8-310

（17）选择"文字"工具【T】，选取文字"浪漫季节"，在"控制"面板中将"行距"选项【TA 0点】设为12点，按Enter键，效果如图8-311所示。在文字"在浪漫…起来"后，连续2次按Enter键，将光标换到下一行，如图8-312所示。

图8-311　　　　　　　　图8-312

（18）使用相同的方法制作其他文字，效果如图8-313所示。选择"选择"工具【↖】，将目录拖曳到页面中适当的位置，如图8-314所示。

图8-313　　　　　　　　图8-314

（19）选择"文字"工具【T】，选取文字"1

潮流 VOGUE"，在"控制"面板中将"行距"选项  设为10点，按Enter键，效果如图8-315所示。使用相同的方法调整其他文字的行距，效果如图8-316所示。

图8-315

图8-316

（20）选择"文字"工具 T，选取数字"1"，如图8-317所示。按Ctrl+X组合键，剪切文字，在适当的位置拖曳一个文本框，将剪切的文字粘贴到文本框中，效果如图8-318所示。

（21）选择"直线"工具 ，按住Shift键的同时，在适当的位置拖曳鼠标绘制一条直线，在"控制"面板中将"描边粗细"选项 0.283 设为0.25点，按Enter键，效果如图8-319所示。使用相同的方法制作其他文字和直线，效果如图8-320所示。

图8-317

图8-318

图8-319

图8-320

（22）使用与上述相同的方法置入图片并制作出如图8-321所示的效果。

图8-321

【习题知识要点】在Photoshop中，使用高斯模糊滤镜命令制作图片模糊效果，使用添加图层蒙版按钮、画笔工具制作图片融合效果，使用色阶命令调整图片颜色；在Illustrator中，使用文字工具、创建轮廓命令、直接选择工具和椭圆工具制作标题文字，使用椭圆工具、路径查找器面板、投影命令、镜像命令和文字工具制作促销吊牌，使用矩形工具和创建剪切蒙版命令制作图片的剪切效果，使用字形命令插入需要的字形，使用文字工具添加刊期和其他相关内容；在CorelDRAW中，使用插入条形码命令插入条形码；在InDesign中，使用页码和章节选项命令更改起始页码，使用置入命令置入素材图片，使用文字工具和填充工具添加标题及杂志相关信息，使用段落样式面板添加标题和正文样式，使用矩形工具和贴入内部命令制作图片剪切效果，使用直线工具和描边面板制作虚线效果，使用目录命令提取目录。美食杂志封面、内页效果如图8-322所示。

【效果所在位置】Ch08/效果/制作美食杂志/美食杂志封面.ai、美食杂志内页.indd。

图8-322

第 9 章

书籍装帧设计

本章介绍

　　一本好书是好的内容和好的书籍装帧的完美结合，精美的书籍装帧设计可以带给读者更多的阅读乐趣。本章主要讲解的是书籍的封面与内页设计。封面是书籍的外表和标志，是书籍装帧的重要组成部分。正文（内页）则是书籍的核心和最基本的部分，它是书籍设计的基础。本章以制作旅游书籍为例，讲解书籍封面与内页的设计方法和制作技巧。

学习目标

◆ 在CorelDRAW软件中制作旅游书籍封面。
◆ 在InDesign软件中制作旅游书籍内页。

技能目标

◆ 掌握"旅游书籍"的制作方法。
◆ 掌握"菜谱书籍"的制作方法。

【案例学习目标】在CorelDRAW中，使用辅助线分割页面，使用多种绘图工具绘制图形，使用文本工具、交互式工具和导入命令添加封面信息；在InDesign中，使用页面面板调整页面，使用版面命令调整页码并添加目录，使用绘制图形工具和文字工具制作书籍内页。

【案例知识要点】在CorelDRAW中，使用选项命令添加辅助线，使用导入命令导入图片，使用文本工具添加封面信息，使用图框精确剪裁命令将图片置入图形中，使用椭圆形工具、多边形工具和合并命令制作图形效果，使用椭圆形工具、旋转命令、再制命令制作装饰图形，使用轮廓笔工具命令为图形和文字添加轮廓，使用阴影工具为图形添加阴影效果，使用插入条形码命令在封面中插入条码；在InDesign中，使用页面面板调整页面，使用段落样式面板添加段落样式，使用参考线分割页面，使用贴入内部命令将图片置入矩形中，使用文字工具添加文字，使用字符面板和段落面板调整字距、行距和缩进，使用版面命令调整页码并添加目录。旅游书籍封面、内页效果如图9-1所示。

【效果所在位置】Ch09/效果/制作旅游书籍/旅游书籍封面.cdr、旅游书籍内页.indd。

图9-1

CorelDRAW 应用

9.1.1 制作书籍封面

（1）打开CorelDRAW X7软件，按Ctrl+N组合键，新建一个A4页面。按Ctrl+J组合键，弹出"选项"对话框，选择"页面尺寸"选项，设置宽度为315 mm，高度为230 mm，出血为3 mm，勾选"显示出血区域"复选框，其他选项的设置如图9-2所示，单击"确定"按钮，页面尺寸显示为设置的大小，如图9-3所示。

图9-2

图9-3

（2）按Ctrl+J组合键，弹出"选项"对话框，选择"辅助线/垂直"选项，在文字框中设置数值为150，如图9-4所示，单击"添加"按钮，在页面中添加一条垂直辅助线。用相同的方法再添加一条高165 mm的垂直辅助线，单击"确定"按钮，效果如图9-5所示。

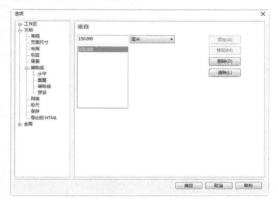

图9-4

图9-5

（3）选择"矩形"工具□，在页面中绘制一个矩形，填充图形为白色，并去除图形的轮廓线，效果如图9-6所示。

（4）选择"选择"工具，按数字键盘上的+键，复制矩形。向下拖曳复制矩形上边中间的控制手柄到适当的位置，调整其大小。在"CMYK调色板"中的"黑10%"色块上单击鼠标左键，填充图形，效果如图9-7所示。

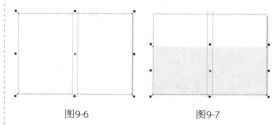

图9-6　　　　　　　　图9-7

（5）按Ctrl+I组合键，弹出"导入"对话框，选择本书学习资源中的"Ch09 > 素材 > 制作旅游书籍 > 01"文件，单击"导入"按钮，在页面中单击导入图片，将图片拖曳到适当的位置并调整大小，效果如图9-8所示。选择"矩形"工具□，在适当的位置绘制一个矩形，如图9-9所示。

图9-8　　　　　　　　图9-9

（6）选择"选择"工具，选取下方图片，选择"对象 > 图框精确剪裁 > 置于图文框内部"命令，光标变为黑色箭头形状，在矩形上单击鼠标左键，如图9-10所示，将图片置入矩形中，并去除图形的轮廓线，效果如图9-11所示。

图9-10　　　　　　　　图9-11

（7）按Ctrl+I组合键，弹出"导入"对话框，选择本书学习资源中的"Ch09 > 素材 > 制作旅游书籍 > 02、03"文件，单击"导入"按钮，在页面中分别单击导入图片，分别将其拖曳到适当的位置并调整大小，效果如图9-12所示。

（8）选择"选择"工具，按住Shift键的同时，将导入的图片同时选取，按Ctrl+PageDown组合键，将图片向后移一层，效果如图9-13所示。

图9-12　　　　　　　　图9-13

（9）选择"文本"工具，单击属性栏中的"将文本更改为垂直方向"按钮，在页面中分别输入需要的文字，选择"选择"工具，在属性栏中选取适当的字体并设置文字大小，效果如图9-14所示。

图9-14

（10）选取文字"看图轻松"，选择"文本>文本属性"命令，弹出"文本属性"面板，选项的设置如图9-15所示，按Enter键确认操作，效果如图9-16所示。

图9-15　　　　　　　　图9-16

（11）用相同的方法调整其他文字字距，效果如图9-17所示。选取文字"旅游行家……大赏"，设置文字颜色的CMYK值为56、70、90、10，填充文字，效果如图9-18所示。

图9-17　　　　　　　　图9-18

（12）选择"椭圆形"工具，按住Ctrl键的同时，在适当的位置绘制一个圆形，如图9-19所示。设置图形颜色的CMYK值为0、100、100、10，填充图形，并去除图形的轮廓线，效果如图9-20所示。

图9-19　　　　　　　　图9-20

（13）选择"选择"工具，按数字键盘上的+键，复制圆形。按住Shift键的同时，向外拖曳圆形右上角的控制手柄到适当的位置，等比例放大圆形。取消图形填充，按F12键，弹出"轮廓笔"对话框，在"颜色"选项中设置轮廓线颜色的CMYK值为0、100、100、10，其他选项的设置如图9-21所示，单击"确定"按钮，效果如图9-22所示。

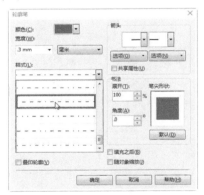

图9-21

图9-22

（14）选择"贝塞尔"工具，在适当的位置绘制一个不规则图形，如图9-23所示。设置图形颜色的CMYK值为0、100、100、10，填充图形，并去除图形的轮廓线，效果如图9-24所示。

图9-23　　　　　　图9-24

图9-28　　　　图9-29　　　　图9-30

（15）选择"贝塞尔"工具，在适当的位置分别绘制曲线，如图9-25所示。选择"选择"工具，按住Shift键的同时，将所绘制的曲线同时选取，按F12键，弹出"轮廓笔"对话框，在"颜色"选项中设置轮廓线颜色的CMYK值为0、100、100、10，其他选项的设置如图9-26所示，单击"确定"按钮，效果如图9-27所示。

图9-25

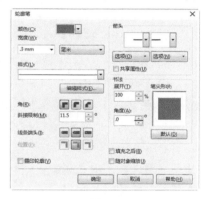

图9-26

图9-27

（16）选择"文本"工具，单击属性栏中的"将文本更改为水平方向"按钮，在适当的位置输入需要的文字，选择"选择"工具，在属性栏中选取合适的字体并设置文字大小，填充文字为白色，效果如图9-28所示。

（17）保持文字的选取状态。在属性栏中的"旋转角度"框中设置数值为-20，按Enter键，效果如图9-29所示。选择"选择"工具，用圈选的方法将图形和文字全部选取，按Ctrl+G组合键，将其群组，如图9-30所示。

（18）选择"文本"工具，单击属性栏中的"将文本更改为垂直方向"按钮，在适当的位置输入需要的文字，选择"选择"工具，在属性栏中选取合适的字体并设置文字大小，效果如图9-31所示。

（19）按Ctrl+I组合键，弹出"导入"对话框，选择本书学习资源中的"Ch09 > 素材 > 制作旅游书籍 > 04"文件，单击"导入"按钮，在页面中单击导入图片，将其拖曳到适当的位置并调整大小，效果如图9-32所示。

图9-31　　　　　　图9-32

（20）选择"手绘"工具，在适当的位置绘制一条斜线，如图9-33所示。按F12键，弹出"轮廓笔"对话框，在"颜色"选项中设置轮廓线颜色的CMYK值为0、85、100、0，其他选项的设置如图9-34所示，单击"确定"按钮，效果如图9-35所示。

图9-33　　　　图9-34　　　　图9-35

（21）选择"文本"工具，单击属性栏中的"将文本更改为水平方向"按钮，在适当的位置分别输入需要的文字，选择"选择"工具，在属性栏中分别选取适当的字体并设置文字大小，效果如图9-36所示。

图9-36

（22）选择"选择"工具，用圈选的方法选取需要的文字，设置文字颜色的CMYK值为56、70、90、10，填充文字，效果如图9-37所示。

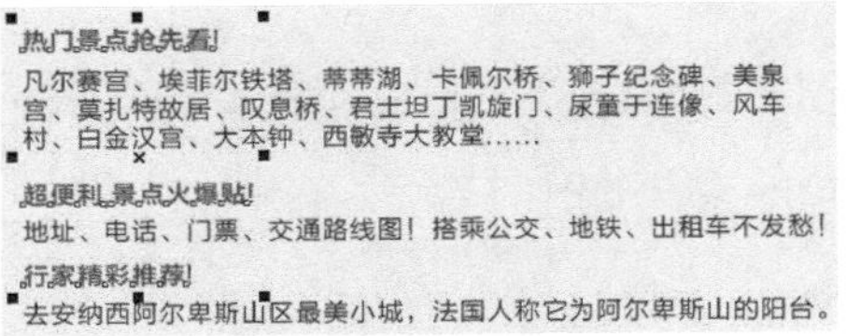

图9-37

（23）选择"椭圆形"工具，按住Ctrl键的同时，在适当的位置绘制一个圆形，设置图形颜色的CMYK值为68、96、95、67，填充图形，并去除图形的轮廓线，效果如图9-38所示。

（24）选择"选择"工具，按数字键盘上的+键，复制圆形。按住Shift键的同时，垂直向下拖曳复制的圆形到适当的位置，效果如图9-39所示。按Ctrl+D组合键，再复制一个圆形，并调整其位置，效果如图9-40所示。

图9-38   图9-39   图9-40

9.1.2 添加图标及出版信息

（1）选择"椭圆形"工具，按住Ctrl键的同时，在页面外绘制一个圆形，如图9-41所示。

按F12键，弹出"轮廓笔"对话框，在"颜色"选项中设置轮廓线颜色的CMYK值为20、20、30、0，其他选项的设置如图9-42所示，单击"确定"按钮，效果如图9-43所示。

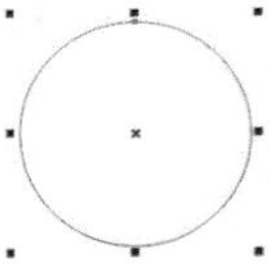

图9-41

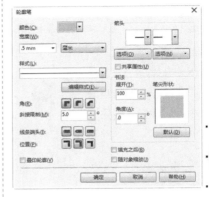

图9-42 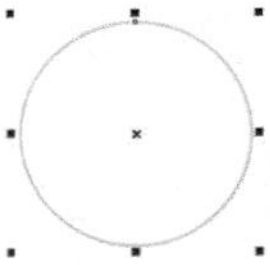   图9-43

（2）选择"选择"工具，按数字键盘上的+键，复制圆形。按住Shift键的同时，向外拖曳圆形右上角的控制手柄到适当的位置，等比例放大圆形，效果如图9-44所示。按F12键，弹出"轮廓笔"对话框，在"颜色"选项中设置轮廓线颜色的CMYK值为40、40、55、0，其他选项的设置如图9-45所示，单击"确定"按钮，效果如图9-46所示。

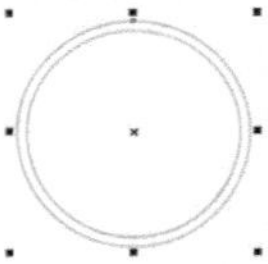

图9-44

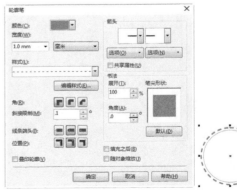

图9-45 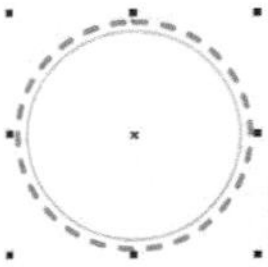   图9-46

（3）选择"选择"工具，按数字键盘上

的+键,复制圆形。按住Shift键的同时,向外拖曳圆形右上角的控制手柄到适当的位置,等比例放大圆形,效果如图9-47所示。按F12键,弹出"轮廓笔"对话框,选项的设置如图9-48所示,单击"确定"按钮,效果如图9-49所示。

图9-47

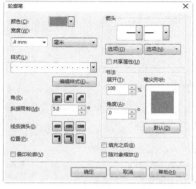

图9-48   图9-49

(4)选择"文本"工具,在适当的位置分别输入需要的文字,选择"选择"工具,在属性栏中分别选取合适的字体并设置文字大小,效果如图9-50所示。将输入的文字同时选取,设置文字颜色的CMYK值为40、40、50、0,填充文字,效果如图9-51所示。

图9-50   图9-51

(5)保持文字的选取状态,选择"文本属性"面板,选项的设置如图9-52所示,按Enter键确认操作,效果如图9-53所示。

图9-52   图9-53

(6)选择"贝塞尔"工具,在页面外绘制一个不规则图形,如图9-54所示。选择"矩形"工具,按住Ctrl键的同时,在适当的位置绘制一个正方形,如图9-55所示。

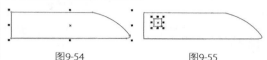

图9-54   图9-55

(7)选择"选择"工具,按数字键盘上的+键,复制正方形。按住Shift键的同时,水平向右拖曳复制的正方形到适当的位置,效果如图9-56所示。按住Ctrl键,再连续点按D键,按需要再复制出多个正方形,效果如图9-57所示。

图9-56   图9-57

(8)选择"贝塞尔"工具,在适当的位置绘制一个不规则图形,如图9-58所示。用圈选的方法将所绘制的图形同时选取,单击属性栏中的"合并"按钮,合并图形,效果如图9-59所示。

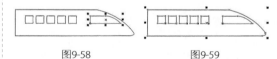

图9-58   图9-59

(9)选择"贝塞尔"工具,在适当的位置绘制一个不规则图形,如图9-60所示。选择"选择"工具,用圈选的方法将所绘制的图形同时选取,设置图形颜色的CMYK值为40、40、55、0,填充图形,并去除图形的轮廓线,效果如图9-61所示。

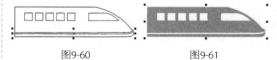

图9-60   图9-61

(10)选择"选择"工具,将图形拖曳到适当的位置并调整大小,效果如图9-62所示。选择"手绘"工具,按住Ctrl键的同时,在适当的位置绘制一条直线,如图9-63所示。

图9-62

图9-63

（11）设置直线轮廓线颜色的CMYK值为40、40、55、0，填充直线，效果如图9-64所示。选择"选择"工具，按数字键盘上的"+"键，复制直线。按住Shift键的同时，垂直向下拖曳复制的直线到适当的位置，效果如图9-65所示。

图9-64

图9-65

（12）选择"星形"工具，在属性栏中的设置如图9-66所示，按住Ctrl键的同时，在适当的位置绘制一个星形，如图9-67所示。

图9-66

图9-67

（13）选择"选择"工具，设置图形颜色的CMYK值为40、40、55、0，填充图形，并去除图形的轮廓线，效果如图9-68所示。选择"选择"工具，按数字键盘上的"+"键，复制星形。按住Shift键的同时，水平向右拖曳复制的星形到适当的位置，效果如图9-69所示。用相同的方法再复制一个星形，效果如图9-70所示。

图9-68

图9-69

图9-70

（14）选择"选择"工具，用圈选的方法将图形和文字全部选取，按Ctrl+G组合键，将其群组，并拖曳到页面中适当的位置，调整其大小，效果如图9-71所示。在属性栏中的"旋转角度"框中设置数值为-18，按Enter键，效果如图9-72所示。

图9-71

图9-72

（15）选择"贝塞尔"工具，在适当的位置分别绘制曲线，如图9-73所示。选择"选择"工具，用圈选的方法将所绘制的曲线全部选取，设置轮廓线颜色的CMYK值为20、20、30、0，填充曲线，效果如图9-74所示。

图9-73

图9-74

（16）按Ctrl+I组合键，弹出"导入"对话框，选择本书学习资源中的"Ch09 > 素材 > 制作旅游书籍 > 05"文件，单击"导入"按钮，在页面中单击导入图形。选择"选择"工具，拖曳图形到适当的位置，效果如图9-75所示。

（17）选择"文本"工具，在适当的位置输入需要的文字，选择"选择"工具，在属性栏中选择合适的字体并设置文字大小，效果如图9-76所示。

图9-75

图9-76

9.1.3　制作封底和书脊

（1）按Ctrl+I组合键，弹出"导入"对话框，选择本书学习资源中的"Ch09 > 素材 > 制作旅游书籍 > 06"文件，单击"导入"按钮，在页面中单击导入图片。选择"选择"工具，将图片拖曳到适当的位置并调整大小，效果如图9-77所示。

（2）选择"矩形"工具，在适当的位置绘制一个矩形，设置轮廓线颜色为白色，并在属性栏中的"轮廓宽度"框中设置数值为1.4mm，按Enter键，效果如图9-78所示。

图9-77

图9-78

（3）选择"选择"工具，选取下方图片，选择"对象 > 图框精确剪裁 > 置于图文框内部"命令，光标变为黑色箭头形状，在白色矩形框上单击鼠标左键，如图9-79所示，将图片置入白色

矩形框中，效果如图9-80所示。

图9-79　　　　　　　　图9-80

（4）选择"阴影"工具，在图片中由上至下拖曳鼠标，为图片添加阴影效果，在属性栏中的设置如图9-81所示，按Enter键，效果如图9-82所示。

图9-81　　　　　　　　图9-82

（5）选择"选择"工具，在属性栏中的"旋转角度"框中设置数值为12.2，按Enter键，效果如图9-83所示。用相同的方法导入其他图片并制作如图9-84所示的效果。

图9-83　　　　　　　　图9-84

（6）选择"椭圆形"工具，按住Ctrl键的同时，在适当的位置分别绘制两个圆形，如图9-85所示。选择"多边形"工具，在属性栏中的设置如图9-86所

图9-85

示，按住Ctrl键的同时，在适当的位置绘制一个三角形，如图9-87所示。

图9-86　　　　　　　　图9-87

（7）选择"选择"工具，按住Shift键的同时，依次单击圆形，将其同时选取，如图9-88所示。单击属性栏中的"合并"按钮，将多个图形合并为一个图形，效果如图9-89所示。

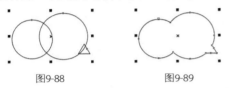

图9-88　　　　　　　　图9-89

（8）按F12键，弹出"轮廓笔"对话框，在"颜色"选项中设置轮廓线颜色的CMYK值为0、100、100、10，其他选项的设置如图9-90所示，单击"确定"按钮，效果如图9-91所示。

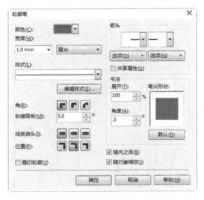

图9-90

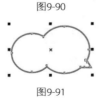

图9-91

（9）选择"椭圆形"工具，按住Ctrl键的同时，在页面外绘制一个圆形，如图9-92所示。按数字键盘上的"+"键，复制一个圆形，选择

"选择"工具，按住Ctrl键的同时，垂直向上拖曳复制的图形到适当的位置，效果如图9-93所示。再次单击复制的图形，使其处于旋转状态，将旋转中心拖曳到适当的位置，如图9-94所示。

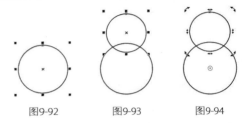

图9-92　　　　图9-93　　　　图9-94

（10）按数字键盘上的"+"键，复制一个圆形，在属性栏中的"旋转角度"框中设置数值为-45°，按Enter键，效果如图9-95所示。按住Ctrl键的同时，再连续点按D键，按需要再复制出多个圆形，效果如图9-96所示。选择"选择"工具，用圈选的方法将所绘制的圆形同时选取，单击属性栏中的"合并"按钮，将多个图形合并为一个图形，效果如图9-97所示。

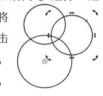

图9-95

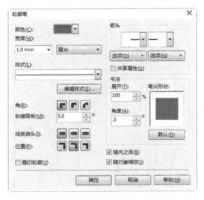

图9-96　　　　　　　　图9-97

（11）选择"选择"工具，将图形拖曳到适当的位置并调整大小，设置图形颜色的CMYK值为0、100、100、10，填充图形，并去除图形的轮廓线，效果如图9-98所示。

（12）选择"文本"工具，在适当的位置输入需要的文字，选择"选择"工具，在属性栏中选择合适的字体并设置文字大小，填充文字为白色，效果如图9-99所示。在属性栏中的"旋转角度"框中设置数值为-20°，按Enter键，效果如图9-100所示。

图9-98

图9-99

图9-100

（13）选择"文本"工具，在适当的位置分别输入需要的文字，选择"选择"工具，在属性栏中分别选择合适的字体并设置文字大小，效果如图9-101所示。

图9-101

（14）选取文字"看图"，选择"文本属性"面板，选项的设置如图9-102所示，按Enter键确认操作，效果如图9-103所示。

图9-102

图9-103

（15）按Ctrl+I组合键，弹出"导入"对话框，选择本书学习资源中的"Ch09 > 素材 > 制作旅游书籍 > 10"文件，单击"导入"按钮，在页面中单击导入图片。选择"选择"工具，将图片拖曳到适当的位置并调整大小，效果如图9-104所示。

图9-104

（16）选择"文本"工具，在适当的位置分别输入需要的文字，选择"选择"工具，在属性栏中分别选择合适的字体并设置文字大小，效果如图9-105所示。

图9-105

（17）选择"形状"工具，选取文字"旅游达人…跟着比"，向左拖曳文字下方的图标，调整字距，松开鼠标后，效果如图9-106所示。选择"选择"工具，设置文字颜色的CMYK值为0、100、100、10，填充文字，效果如图9-107所示。

图9-106

图9-107

（18）按Ctrl+I组合键，弹出"导入"对话框，选择本书学习资源中的"Ch09 > 素材 > 制作旅游书籍 > 11、12"文件，单击"导入"按钮，在页面中分别单击导入图片。选择"选择"工具，分别拖曳图片到适当的位置并调整其大小，效果如图9-108所示。

图9-108

（19）选择"文本"工具，在适当的位置输入需要的文字，选择"选择"工具，在属性栏中选择合适的字体并设置文字大小，效果如图9-109所示。选择"形状"工具，向左拖曳文字下方的图标，调整字距，松开鼠标后，效果如图9-110所示。

图9-109

图9-110

（20）选择"矩形"工具□，在适当的位置绘制一个矩形，填充图形为白色，效果如图9-111所示。

图9-111

（21）选择"文本"工具字，在适当的位置输入需要的文字。选择"选择"工具，在属性栏中选择合适的字体并设置文字大小，效果如图9-112所示。

图9-112

（22）按Ctrl+I组合键，弹出"导入"对话框，选择本书学习资源中的"Ch09 > 素材 > 制作旅游书籍 > 13"文件，单击"导入"按钮，在页面中单击导入图片，选择"选择"工具，拖曳图片到适当的位置并调整其大小，效果如图9-113所示。

图9-113

（23）选择"选择"工具，在封面上选择需要的文字，如图9-114所示。按数字键盘上的+键，复制文字，将其拖曳到书脊上适当的位置，并调整其大小，效果如图9-115所示。

图9-114　　　　　　图9-115

（24）使用相同的方法分别复制封面上需要的图形和文字，并将其拖曳到书脊上适当的位置，调整其大小，效果如图9-116所示。

图9-116

（25）旅游书籍封面制作完成，效果如图9-117所示。按Ctrl+S组合键，弹出"保存绘图"对话框，将制作好的图像命名为"旅游书籍封面"，保存为CDR格式，单击"保存"按钮，保存图像。

图9-117

InDesign 应用

9.1.4　制作A主页

（1）打开InDesign CS6软件，选择"文件 > 新建 > 文档"命令，弹出"新建文档"对话框，如图9-118所示。单击"边距和分栏"按钮，弹出"新建边距和分栏"对话框，设置如图9-119所示，单击"确定"按钮，新建一个页面。选择"视图 > 其他 > 隐藏框架边缘"命令，将所绘制图形的框架边缘隐藏。

图9-118

图9-119

（2）选择"版面 > 页码和章节选项"命令，弹出"页码和章节选项"对话框，设置如图9-120所示，单击"确定"按钮，设置页码样式。

（3）选择"窗口 > 页面"命令，弹出"页面"面板，按住Shift键的同时，单击所有页面的图标，将其全部选取，如图9-121所示。单击面板右上方的■图标，在弹出的菜单中取消勾选"允许选定的跨页随机排布"命令，如图9-122所示。

图9-120

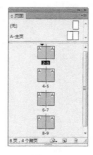

图9-121

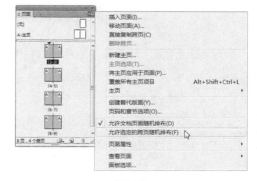

图9-122

（4）双击第2页的页面图标，选择"版面 > 页码和章节选项"命令，弹出"页码和章节选项"对话框，设置如图9-123所示，单击"确定"按钮，"页面"面板显示如图9-124所示。在"状态栏"中单击"文档所属页面"选项右侧的■按钮，在弹出的页码中选择"A-主页"，页面效果如图9-125所示。

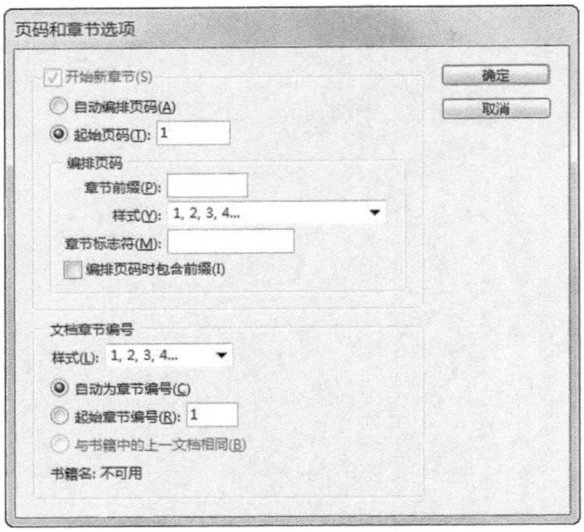

图9-123

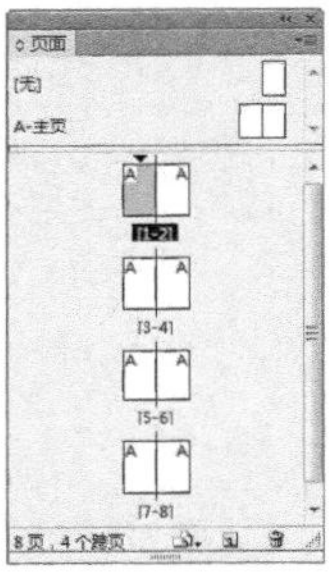

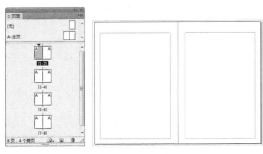

图9-124

图9-125

（5）选择“矩形”工具，在页面中适当的位置绘制一个矩形，设置图形填充色的CMYK值分别为0、0、0、10，填充图形，并设置描边色为无，效果如图9-126所示。

（6）选择“椭圆”工具，按住Shift键的同时，在页面中适当的位置绘制一个圆形，设置图形填充色的CMYK值分别为0、0、0、20，填充图形，并设置描边色为无，效果如图9-127所示。

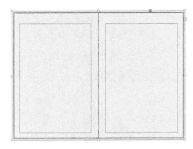

图9-126

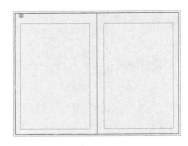

图9-127

（7）选择“选择”工具，按住Shift+Alt组合键的同时，水平向右拖曳圆形到适当的位置，复制图形，设置图形填充色的CMYK值分别为0、5、0、0，填充图形，并设置描边色为无，效果如图9-128所示。

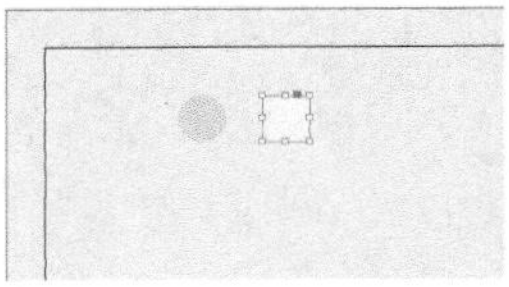

图9-128

（8）按住Shift键的同时，单击圆形将其同时选取，如图9-129所示。按住Shift+Alt组合键的同时，水平向右拖曳图形到适当的位置，复制图形，如图9-130所示。连续按Ctrl+Alt+4组合键，按需要再复制出多个图形，效果如图9-131所示。

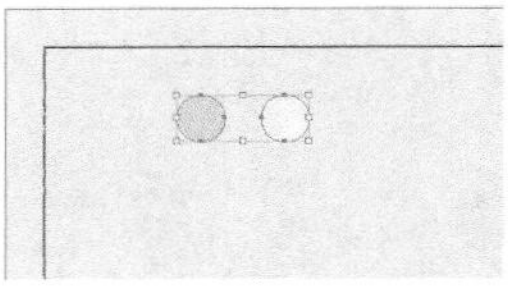

图9-129

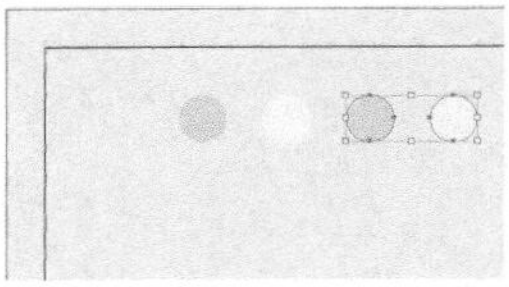

图9-130

图9-131

（9）选择“选择”工具，按住Shift键的同时，将圆形同时选取，按Ctrl+G组合键，将其编组，如图9-132所示。按住Shift+Alt组合键的同时，水平向下拖曳图形到适当的位置，复制图形，如图9-133所示。使用相同的方法制作其他圆形，效果如图9-134所示。

图9-132

图9-133

图9-134

9.1.5　制作B主页

（1）单击"页面"面板右上方的图标，在弹出的菜单中选择"新建主页"命令，在弹出的对话框中进行设置，如图9-135所示，单击"确定"按钮，得到B主页，如图9-136所示。

图9-135

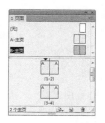

图9-136

（2）选择"选择"工具，单击"图层"面板下方的"创建新图层"按钮，新建一个图层，如图9-137所示。选择"矩形"工具，在页面中适当的位置绘制一个矩形，设置图形填充色的CMYK值分别为0、0、0、10，填充图形，并设置描边色为无，效果如图9-138所示。

图9-137

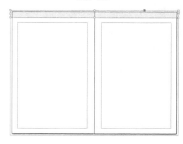

图9-138

（3）选择"椭圆"工具，按住Shift键的同时，在页面中适当的位置绘制一个圆形，设置图形填充色的CMYK值分别为0、0、0、20，填充图形，并设置描边色为无，效果如图9-139所示。

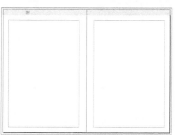

图9-139

（4）选择"选择"工具 ，按住Shift+Alt组合键的同时，水平向右拖曳圆形到适当的位置，复制图形，效果如图9-140所示。连续按Ctrl+Alt+4组合键，按需要再复制出多个图形，效果如图9-141所示。

图9-140

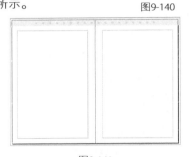

图9-141

（5）选择"矩形"工具 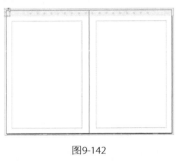，在页面中适当的位置绘制一个矩形，设置图形填充色的CMYK值分别为0、0、0、10，填充图形，并设置描边色为无，效果如图9-142所示。使用相同的方法绘制其他矩形并填充适当的颜色，效果如图9-143所示。

图9-142

图9-143

（6）选择"选择"工具，按住Shift键的同时，选取矩形，如图9-144所示，按Ctrl+G

组合键，将图形编组。按住Shift+Alt组合键的同时，水平向右拖曳图形到适当的位置，复制图形，效果如图9-145所示。

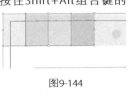

图9-144

图9-145

（7）选择"矩形"工具 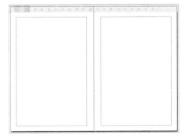，在页面中适当的位置绘制一个矩形，填充图形为白色，并设置描边色为无，效果如图9-146所示。选择"对象 > 角选项"命令，在弹出的对话框中进行设置，如图9-147所示，单击"确定"按钮，效果如图9-148所示。

（8）选择"文字"工具 ，在页面中拖曳一个文本框，输入需要的文字。将输入的文字选取，在控制面板中选择合适的字体并设置文字大小，设置填充色的CMYK值分别为0、0、0、60，填充文字，取消文字的选取状态，效果如图9-149所示。

图9-146

图9-147

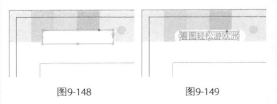

图9-148　　　　　图9-149

（9）选择"椭圆"工具◉，按住Shift键的同时，在页面的左下角绘制一个圆形，设置图形填充色的CMYK值分别为0、0、0、60，填充图形，并设置描边色为无，效果如图9-150所示。

（10）选择"文字"工具T，在页面中空白处拖曳出一个文本框。选择"文字＞插入特殊字符＞标识符＞当前页码"命令，在文本框中添加自动页码，如图9-151所示。

图9-150　　　　　　　图9-151

（11）选择"文字"工具T，选取刚添加的页码，在控制面板中选择合适的字体并设置文字大小，填充页码为白色。选择"选择"工具▶，将页码拖曳到页面中适当的位置，效果如图9-152所示。用相同的方法在页面右下方添加图形与自动页码，效果如图9-153所示。

图9-152　　　　　　　图9-153

（12）选择"文字"工具T，在页面中拖曳一个文本框，输入需要的文字。将输入的文字选取，在控制面板中选择合适的字体并设置文字大小，效果如图9-154所示。

看图轻松游欧洲Ⓑ

图9-154

9.1.6　制作章首页

（1）在"状态栏"中单击"文档所属页面"选项右侧的▾按钮，在弹出的页码中选择"03"，页面效果如图9-155所示。

（2）单击"图层"面板中的"图层1"图层。选择"矩形"工具▣，在页面中适当的位置绘制一个矩形，填充图形为白色，并设置描边色为无，效果如图9-156所示。

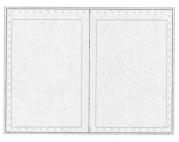

图9-155

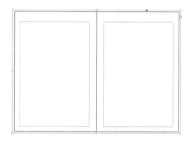

图9-156

（3）选择"矩形"工具▣，在页面中适当的位置分别绘制两个矩形，设置图形填充色的CMYK值分别为0、0、0、10，填充图形，并设置描边色为无，效果如图9-157所示。

（4）选择"椭圆"工具◉，按住Shift键的同时，在页面中适当的位置绘制一个圆形，设置图形填充色的CMYK值分别为0、0、0、20，填充图形，并设置描边色为无，效果如图9-158所示。

图9-157

图9-158

（5）选择"选择"工具 ，按Shift+Alt组合键的同时，水平向右拖曳圆形到适当的位置，复制图形，设置图形填充色的CMYK值分别为0、5、0、0，填充图形，并设置描边色为无，效果如图9-159所示。按住Shift键的同时，选取圆形，如图9-160所示。

图9-159　　　　　　　　图9-160

（6）按住Shift+Alt组合键的同时，水平向右拖曳图形到适当的位置，复制图形，如图9-161所示。连续按Ctrl+Alt+4组合键，按需要再复制出多个图形，效果如图9-162所示。

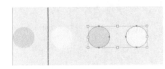

图9-161

图9-162

（7）选择"文件 > 置入"命令，弹出"置入"对话框，选择本书学习资源中的"Ch09 > 素材 > 制作旅游书籍 > 14"文件，单击"打开"按钮，在页面空白处单击鼠标置入图片。选择"自由变换"工具 ，将图片拖曳到适当的位置并调整大小，效果如图9-163所示。

（8）选择"椭圆"工具 ，按住Shift键的同时，在页面中适当的位置分别绘制两个圆形，效果如图9-164所示。

图9-163　　　　　　　　图9-164

（9）选择"旋转"工具 ，选取圆形左上方的中心点，按住Alt键的同时，将其拖曳到大圆中心的位置。弹出"旋转"对话框，选项的设置如图9-165所示，单击"复制"按钮，复制圆形，效果如图9-166所示。连续按Ctrl+Alt+4组合键，按需要复制出多个圆形，效果如图9-167所示。

图9-165

图9-166　　　　　　　　图9-167

（10）选择"选择"工具 ，按住Shift键的同时，将圆形选取，如图9-168所示。选择"窗口 > 对象和版面 > 路径查找器"命令，弹出"路径查找器"面板，单击"相加"按钮 ，如图9-169所示，效果如图9-170所示。按住Alt键的同时，向右拖曳图形到页面外，复制图形（此图形作为备用）。

图9-168

图9-169　　　　　　图9-170

（11）选择"选择"工具 ，选取原图形，设置图形描边色的CMYK值分别为0、0、0、40，填充图形，在"控制"面板中将"描边粗细"选项 0.283 ≠ 设为2，按Enter键，效果如图9-171所示。在"控制"面板中将"旋转角度" 0° 选项设置为-25°，按Enter键，旋转图形，效果如图9-172所示。

图9-171　　　　　　图9-172

（12）选择"文件 > 置入"命令，弹出"置入"对话框，选择本书学习资源中的"Ch09 > 素材 > 制作旅游书籍 > 15"文件，单击"打开"按钮，在页面空白处单击鼠标置入图片。选择"自由变换"工具 ，将其拖曳到适当的位置，并调整大小，效果如图9-173所示。

图9-173

（13）保持图片的选取状态。按Ctrl+X组合键，将图片剪切到剪贴板上。选择"选择"工具

，单击花朵图形，选择"编辑 > 贴入内部"命令，将图片贴入矩形的内部，效果如图9-174所示。

图9-174

（14）选择"矩形"工具 ，在页面中适当的位置绘制一个矩形，如图9-175所示。选择"文件 > 置入"命令，弹出"置入"对话框，选择本书学习资源中的"Ch09 > 素材 > 制作旅游书籍 > 16"文件，单击"打开"按钮，在页面空白处单击鼠标置入图片。选择"自由变换"工具 ，将图片拖曳到适当的位置，并调整其大小，效果如图9-176所示。

图9-175

图9-176

（15）保持图片的选取状态。按Ctrl+X组合键，将图片剪切到剪贴板上。选择"选择"工具

，单击矩形，选择"编辑 > 贴入内部"命令，将图片贴入矩形的内部，并设置描边色为无，效果如图9-177所示。

图9-177

（16）选择"矩形"工具 ▭，在页面中适当的位置绘制一个矩形，设置图形填充色的CMYK值分别为0、0、0、40，填充图形，并设置描边色为无，效果如图9-178所示。选择"对象 > 角选项"命令，在弹出的对话框中进行设置，如图9-179所示，单击"确定"按钮，效果如图9-180所示。使用相同的方法制作其他图形，效果如图9-181所示。

图9-178

图9-179

图9-180   图9-181

（17）选择"椭圆"工具 ⬭，按住Shift键的同时，在适当的位置分别绘制圆形，如图9-182所示。选择"钢笔"工具 ✐，在适当的位置绘制一个闭合路径，如图9-183所示。

图9-182   图9-183

（18）选择"选择"工具 ▶，按住Shift键的同时，依次单击圆形，将其同时选取，如图9-184所示。选择"路径查找器"面板，单击"相加"按钮 ⬚，效果如图9-185所示。

图9-184   图9-185

（19）保持图形的选取状态。设置图形描边色的CMYK值为0、100、100、10，填充描边，并在"控制"面板中将"描边粗细"选项 ⬚ 0.283 毫米 ▾ 设为5点，按Enter键，效果如图9-186所示。

图9-186

（20）选择"选择"工具 ▶，将页面外的备用图形拖曳到适当的位置，并调整其大小，效果如图9-187所示。设置图形填充色的CMYK值为0、100、100、10，填充图形，并设置描边色为无，效果如图9-188所示。

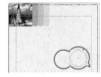

图9-187   图9-188

（21）选择"文字"工具 T，在适当的位置分别拖曳两个文本框，输入需要的文字，将输入的文字选取，在"控制"面板中分别选择合适的字体并设置文字大小，取消文字的选取状态，效果如图9-189所示。选取文字"45选"，填充文字为白色，效果如图9-190所示。

图9-189   图9-190

（22）选择"文件 > 置入"命令，弹出"置入"对话框，选择本书学习资源中的"Ch09 > 素材 > 制作旅游书籍 > 10、11"文件，单击"打

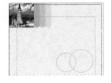

开"按钮，在页面空白处分别单击鼠标置入图片。选择"自由变换"工具，将图片拖曳到适当的位置，并调整其大小，效果如图9-191所示。

（23）选择"选择"工具，选取需要的图片，在"控制"面板中将"旋转角度" ▵ 0° 选项设置为-7°，按Enter键，旋转图片，效果如图9-192所示。

图9-191   图9-192

（24）按Ctrl+O组合键，打开本书学习资源中的"Ch09 > 素材 > 制作旅游书籍> 17"文件，选取需要的图形。按Ctrl+C组合键，复制选取的图像。返回到正在编辑的页面中，按Ctrl+V组合键，将其粘贴到页面中。选择"选择"工具，将图形拖曳到适当的位置，效果如图9-193所示。

图9-193

9.1.7 制作内页5和6

（1）在"页面"面板中按住Shift键的同时，将需要的页面同时选取，如图9-194所示。单击鼠标右键，在弹出的菜单中选择"将主页应用于页面"命令，在弹出的"应用主页"对话框中进行设置，如

图9-194

图9-195所示，单击"确定"按钮，如图9-196所示。双击"05"页面图标，进入"05"页面。在"图层"控制面板中选择"图层1"。

图9-195

图9-196

（2）选择"矩形"工具，在页面中适当的位置分别绘制两个矩形，设置图形填充色的CMYK值分别为0、0、0、10，填充图形，并设置描边色为无，效果如图9-197所示。再次绘制一个矩形，设置图形填充色的CMYK值分别为0、0、0、20，填充图形，并设置描边色为无，效果如图9-198所示。

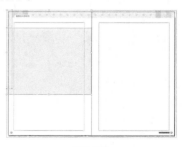

图9-197

图9-198

（3）选择"对象 > 角选项"命令，在弹出的对话框中进行设置，如图9-199所示，单击"确定"按钮，效果如图9-200所示。使用相同的方法制作其他图形，效果如图9-201所示。

图9-199

图9-200

图9-201

（4）选择"矩形"工具▣，在页面中适当的位置绘制一个矩形，设置图形填充色的CMYK值分别为0、0、0、40，填充图形，并设置描边色为无，效果如图9-202所示。选择"对象 > 角选项"命令，在弹出的对话框中进行设置，如图9-203所示，单击"确定"按钮，效果如图9-204所示。

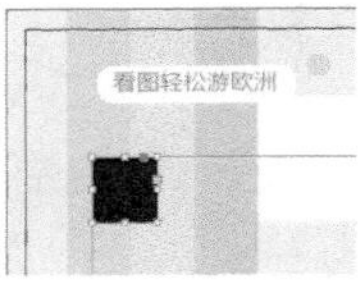

图9-202

图9-203

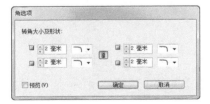

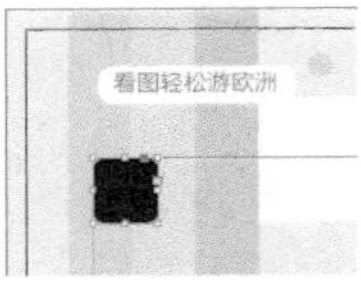

图9-204

（5）选择"选择"工具▶，按住Shift+Alt组合键的同时，水平向右拖曳图形到适当的位置，复制图形，如图9-205所示。连续按Ctrl+Alt+4组合键，按需要再复制出多个图形，效果如图9-206所示。

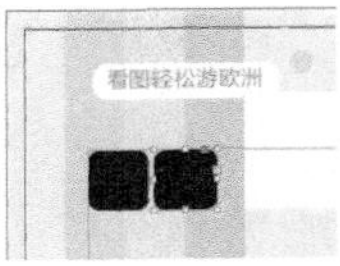

图9-205

图9-206

（6）选择"文字"工具Ⓣ，在适当的位置拖曳一个文本框，输入需要的文字。将所有的文字选取，在控制面板中选择合适的字体并设置文字大小，填充文字为白色，效果如图9-207所示。在"段落样式"面板中，单击面板下方的"创建新样式"按钮□，生成新的段落样式并将其命名为"一级标题"，如图9-208所示，取消文字的选取状态。

图9-207

图9-208

（7）选择"文字"工具Ⓣ，选取文字"界"，设置文字填充色的CMYK值分别为0、30、40、0，填充文字，取消文字的选取状态，效果如图9-209所示。用相同的方法为其他文字填充适当的颜色，效果如图9-210所示。

图9-209   图9-210

（8）选择"文字"工具Ⓣ，在页面中拖曳一个文本框，输入需要的文字。将输入的文字选取，在控制面板中选择合适的字体并设置文字大小，取消文字的选取状态，效果如图9-211所示。

图9-211

（9）选择"椭圆"工具
，按住Shift键的同时，在
适当的位置绘制一个圆形，
设置图形填充色的CMYK值
分别为0、100、100、10，
填充图形，并设置描边色为
无，效果如图9-212所示。

图9-212

（10）选择"17"文件。
选取需要的图形，按Ctrl+C组合键，复制图形。
返回到正在编辑的页面，按Ctrl+V组合键，将
复制的图形粘贴到页面中。选择"选择"工具
，拖曳图形到适当的位置，并旋转到适当的
角度，效果如图9-213所示。设置图形填充色的
CMYK值分别为0、100、100、10，填充图形，设
置描边色为无，效果如图9-214所示。

（11）选择"文字"工具 T ，在页面中拖曳
一个文本框，输入需要的文字。将输入的文字选
取，在控制面板中选择合适的字体并设置文字大
小，填充文字为白色，取消文字的选取状态，效
果如图9-215所示。

图9-213

图9-214

图9-215

（12）选择"矩形"工具 ，在页面中适
当的位置绘制一个矩形，填充图形为白色，并设
置描边色为无，效果如图9-216所示。选择"文
字"工具 T ，在适当的位置拖曳一个文本框，
输入需要的文字，将所有的文字选取，在控制面
板中选择合适的字体并设置文字大小，效果如图
9-217所示。

图9-216

图9-217

（13）选择"矩形"工具 ，在页面中适当
的位置绘制一个矩形，填充图形为黑色，并设置
描边色为无，如图9-218所示。选择"文件 > 置
入"命令，弹出"置入"对话框，选择本书学习
资源中的"Ch09 > 素材 > 制作旅游书籍 > 18"文
件，单击"打开"按钮，在页面空白处单击鼠标
置入图片。选择"自由变换"工具 ，将其拖
曳到适当的位置，并调整大小，效果如图9-219所
示。

图9-218

图9-219

（14）保持图片的选取状态。按Ctrl+X组合
键，将图片剪切到剪贴板上。选择"选择"工具
，单击矩形，选择"编辑 > 贴入内部"命令，
将图片贴入矩形的内部，效果如图9-220所示。

（15）选择"椭圆"工具 ，在页面中适当
的位置绘制一个椭圆形，设置图形填充色的CMYK
值分别为0、100、100、10，填充图形；设置描边
色的CMYK值分别为0、85、100、0，填充描边；
在"控制"面板中将"描边粗细"选项 0.283毫米
设为0.5点，按Enter键，效果如图9-221所示。

图9-220

图9-221

（16）双击"多边形"工具 ，弹出"多边形"对话框，选项的设置如图9-222所示，单击"确定"按钮，在页面中拖曳鼠标绘制一个星形，填充图形为白色，并设置描边色为无，如图9-223所示。

图9-222　　　　　　图9-223

（17）选择"选择"工具 ，按住Shift+Alt组合键的同时，水平向右拖曳图形到适当的位置，复制图形，效果如图9-224所示。连续按Ctrl+Alt+4组合键，按需要再复制出多个图形，如图9-225所示。选择"选择"工具 ，按住Shift键的同时，将星形同时选取，按Ctrl+G组合键，将图形编组，效果如图9-226所示。

图9-224　　　　图9-225　　　　图9-226

（18）选择"文字"工具 T ，在适当的位置拖曳一个文本框，输入需要的文字。将所有的文字选取，在"控制"面板中选择合适的字体并设置文字的大小，单击"居中对齐"按钮 ，效果如图9-227所示。在"控制"面板中将"行距"选项设为12点，效果如图9-228所示。使用相同的方法制作其他的图片及文字，效果如图9-229所示。

图9-227　　　图9-228　　　图9-229

（19）选择"文件＞置入"命令，弹出"置入"对话框，选择本书学习资源中的"Ch09＞素材＞制作旅游书籍＞11"文件，单击"打开"按钮，在页面空白处单击鼠标置入图片。选择"自由变换"工具 ，将其拖曳到适当的位置，并调整大小，效果如图9-230所示。

图9-230

（20）选择"直线"工具 ，按住Shift键的同时，在页面中拖曳鼠标绘制直线，设置描边色的CMYK值分别为0、100、100、10，填充直线。在"控制"面板中将"描边粗细"选项 0.283 设为1点，按Enter键，效果如图9-231所示。选择"选择"工具 ，按住Shift+Alt组合键的同时，水平向下拖曳直线到适当的位置，复制直线，效果如图9-232所示。

图9-231　　　　　图9-232

（21）选择"文字"工具 T ，在适当的位置分别拖曳文本框，输入需要的文字。将所有的文字选取，在"控制"面板中选择合适的字体并设置文字大小，取消文字的选取状态，效果如图9-233所示。

（22）选择"文字"工具 T ，分别选取需要的文字。在"控制"面板中将"行距"选项 0点 设为11点，按Enter键，取消文字的选取状态，效果如图9-234所示。

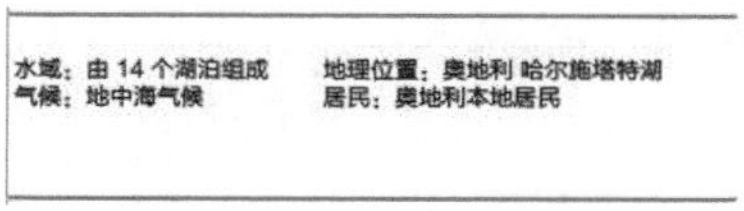

水域：由 14 个湖泊组成	地理位置：奥地利 哈尔施塔特湖
气候：地中海气候	居民：奥地利本地居民

图9-233

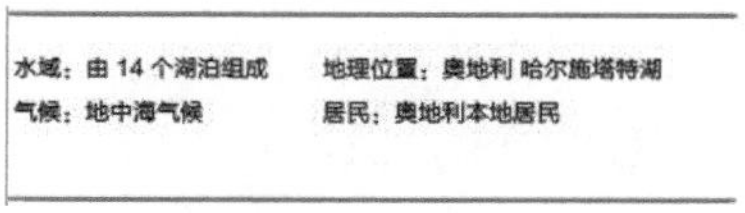

水域：由 14 个湖泊组成	地理位置：奥地利 哈尔施塔特湖
气候：地中海气候	居民：奥地利本地居民

图9-234

（23）选择"矩形"工具□，在页面中适当的位置绘制一个矩形，如图9-235所示。选择"文件>置入"命令，弹出"置入"对话框，选择本书学习资源中的"Ch09 > 素材 > 制作旅游书籍 > 21"文件，单击"打开"按钮，在页面空白处单击鼠标置入图片。选择"自由变换"工具［：］，将其拖曳到适当的位置，并调整其大小，效果如图9-236所示。

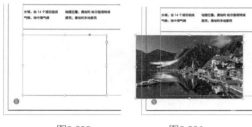

图9-235　　　　　图9-236

（24）保持图片的选取状态。按Ctrl+X组合键，将图片剪切到剪贴板上。选择"选择"工具▶，单击下方的矩形，选择"编辑 > 贴入内部"命令，将图片贴入矩形的内部，并设置描边色为无，效果如图9-237所示。

图9-237

（25）选择"矩形"工具□，在页面中适当的位置绘制一个矩形，设置图形填充色的CMYK值

分别为0、0、100、0，填充图形，并设置描边色为无，效果如图9-238所示。

图9-238

（26）选择"选择"工具▶，在上方选取需要的图形，按住Alt键的同时，将其拖曳到适当的位置，复制图形，拖曳鼠标调整其角度，效果如图9-239所示。

图9-239

（27）选择"矩形"工具□，在页面中适当的位置绘制一个矩形，设置图形填充色的CMYK值分别为0、100、100、10，填充图形，设置描边色为白色，在控制面板中将"描边粗细"选项 ［⌄ 0.283 点 ▾］设为1，按Enter键，效果如图9-240所示。

图9-240

（28）选择"对象 > 角选项"命令，在弹出的对话框中进行设置，如图9-241所示，单击"确定"按钮，效果如图9-242所示。

图9-241

图9-242

（29）选择"选择"工具 ，选取右侧的直线，按住Alt+Shift组合键的同时，水平向右拖曳直线到适当的位置，复制直线，调整其宽度，效果如图9-243所示。选择"椭圆"工具 ，按住Shift键的同时，在页面中绘制一个圆形，填充图形为黑色，并设置描边色为无，效果如图9-244所示。

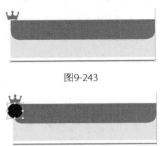

图9-243

图9-244

（30）选择"文字"工具 ，在页面中拖曳一个文本框，输入需要的文字，将输入的文字选取，在控制面板中选择合适的字体并设置文字大小，填充文字为白色，取消文字的选取状态，效果如图9-245所示。

图9-245

（31）选择"文字"工具 ，在适当的位置拖曳一个文本框，输入需要的文字。将所有的文字选取，在控制面板中选择合适的字体并设置文字大小，填充文字为白色，如图9-246所示。在"段落样式"面板中，单击面板下方的"创建新样式"按钮 ，生成新的段落样式并将其命名为"二级标题"，取消文字的选取状态。

图9-246

（32）选择"椭圆"工具 ，按住Shift键的同时，在页面中适当的位置绘制一个圆形，设

置图形填充色的CMYK值分别为0、100、0、13，填充图形，设置描边色的CMYK值分别为44、0、100、0，填充图形描边。在控制面板中将"描边粗细"选项 设为1，按Enter键，效果如图9-247所示。

图9-247

（33）选择"文字"工具 ，在页面中拖曳一个文本框，输入需要的文字，将输入的文字选取，在"控制"面板中选择合适的字体并设置文字大小，填充文字为白色，取消文字的选取状态，效果如图9-248所示。在"控制"面板中将"旋转角度"选项 设置为18°，按Enter键，旋转文字，效果如图9-249所示。

图9-248　　　　图9-249

（34）选择"文字"工具 ，在适当的位置拖曳一个文本框，输入需要的文字。将所有的文字选取，在控制面板中选择合适的字体并设置文字大小，效果如图9-250所示。在"段落样式"面板中，单击面板下方的"创建新样式"按钮 ，生成新的段落样式并将其命名为"三级标题"。

图9-250

（35）选择"选择"工具 ，在页面中选取需要的图形，如图9-251所示，按住Alt键的同时，将其拖曳到适当的位置，并调整其大小，设置图形填充色的CMYK值分别为0、100、100、

10，填充图形，并设置描边色为无，效果如图9-252所示。

图9-251   图9-252

（36）选择"文字"工具 T，在适当的位置拖曳一个文本框，输入需要的文字。将所有的文字选取，在控制面板中选择合适的字体并设置文字大小，效果如图9-253所示。在"控制"面板中将"行距"选项 ⚌ 0点 ▼ 设为12，效果如图9-254所示。在"段落样式"面板中，单击面板下方的"创建新样式"按钮 ⬛，生成新的段落样式并将其命名为"文本段落"。

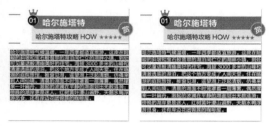

图9-253   图9-254

（37）选择"矩形"工具 ⬛，在页面中适当的位置绘制一个矩形，设置图形填充色的CMYK值分别为0、0、0、10，填充图形，并设置描边色为无，效果如图9-255所示。

图9-255

（38）选择"矩形"工具 ⬛，在页面中适当的位置绘制一个矩形，设置图形填充色的CMYK值分别为0、0、0、30，填充图形，设置描边色为白色，在"控制"面板中将"描边粗细"选项 ⚌ 0.283点 ▼ 设为1，按Enter键，效果如图9-256所示。选择"对象 > 角选项"命令，在弹出的对话框中进行设置，如图9-257所示，单击"确定"按钮，效果如图9-258所示。

图9-256

图9-257

图9-258

（39）选择"矩形"工具 ⬛，在页面中适当的位置绘制一个矩形，设置图形填充色的CMYK值分别为0、100、100、10，填充图形，并设置描边色为白色。在控制面板中将"描边粗细"选项 ⚌ 0.283点 ▼ 设为1，按Enter键，效果如图9-259所示。选择"对象 > 角选项"命令，在弹出的对话框中进行设置，如图9-260所示，单击"确定"按钮，效果如图9-261所示。

图9-259   图9-260

图9-261

（40）选择"17"文件。选取需要的图形，按Ctrl+C组合键，复制图形。返回到正在编辑的页面，按Ctrl+V组合键，将其粘贴到页面中。选择"选择"工具 ▶，拖曳图形到适当的位置，效果如图9-262所示。

图9-262

（41）选择"文字"工具 T，在页面中适当的位置拖曳一个文本框，输入需要的文字。在"段落样式"面板中单击"二级标题"样式，取消文字的选取状态，效果如图9-263所示。用相同的方法输入需要的文字，在"段落样式"面板中单击"三级标题"样式，取消文字的选取状态，效果如图9-264所示。

图9-263   图9-264

（42）选择"文字"工具 T，在页面中适当的位置拖曳一个文本框，输入需要的文字。将所有的文字选取，在控制面板中选择合适的字体并设置文字大小，效果如图9-265所示。在控制面板中将"行距"选项 ↕ ◇ 0点 ▼ 设为11，取消文字的选取状态，效果如图9-266所示。

图9-265   图9-266

（43）选择"文字"工具 T，在页面中适当的位置拖曳一个文本框，输入需要的文字。将所有的文字选取，在"段落样式"面板中单击"文本段落"样式，取消文字的选取状态，效果如图9-267所示。

图9-267

（44）选择"矩形"工具 ▢，在页面中适当的位置绘制一个矩形，如图9-268所示。选择"文件 > 置入"命令，弹出"置入"对话框，选择本书学习资源中的"Ch09 > 素材 > 制作旅游书籍 >22"文件，单击"打开"按钮，在页面空白处单击鼠标置入图片。选择"自由变换"工具 ▦，将其拖曳到适当的位置，并调整其大小，效果如图9-269所示。

图9-268

图9-269

（45）保持图片的选取状态。按Ctrl+X组合键，将图片剪切到剪贴板上。选择"选择"工具 ▶，单击下方的矩形，选择"编辑 > 贴入内部"命令，将图片贴入矩形的内部，并设置描边色为无，效果如图9-270所示。用上述方法制作内页的其他内容，效果如图9-271所示。

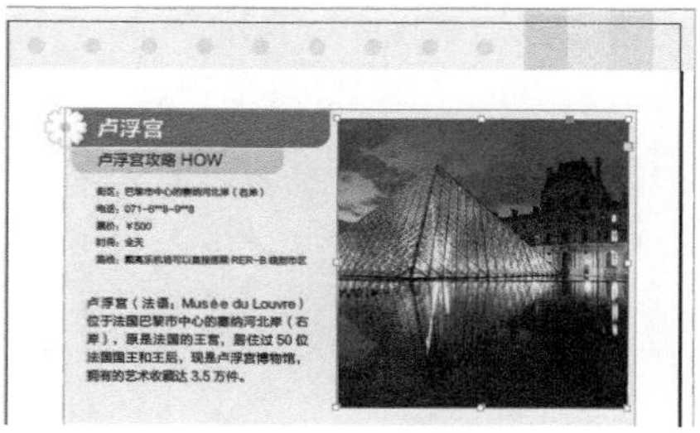

图9-270

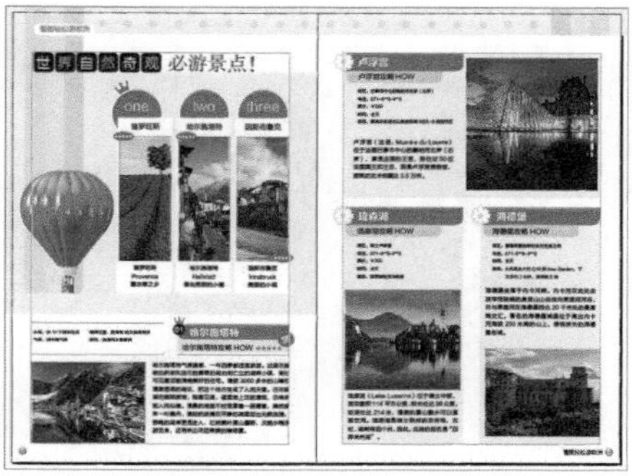

图9-271

9.1.8　制作内页7和8

（1）在“状态栏”中单击“文档所属页面”选项右侧的按钮，在弹出的页码中选择“7”，页面效果如图9-272所示。

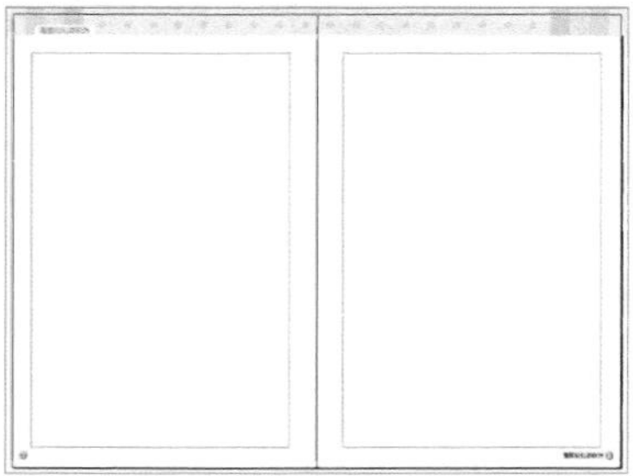

图9-272

（2）选择“文件 > 置入”命令，弹出“置入”对话框，选择本书学习资源中的“Ch09 > 素材 > 制作旅游书籍 > 27”文件，单击“打开”按钮，在页面空白处单击鼠标置入图片。选择“自由变换”工具，将其拖曳到适当的位置，并调整其大小，效果如图9-273所示。

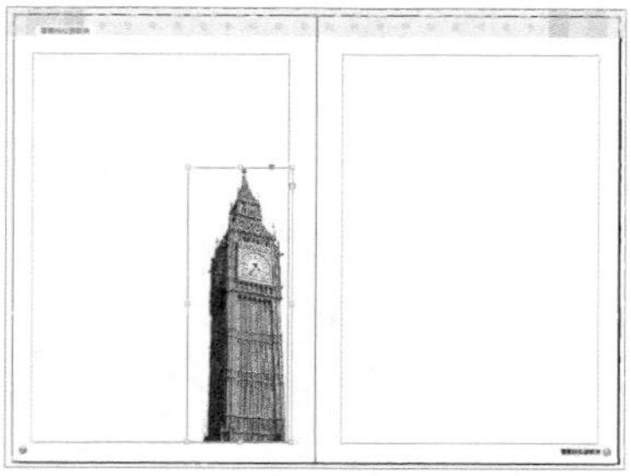

图9-273

（3）选择“选择”工具，在页面中选取需要的图形和文字，如图9-274所示，按住Alt键的同时，将图形和文字拖曳到适当的位置，复制图形，效果如图9-275所示。选择“选择”工具，选取需要更改的文字，替换为需要的文字内容，效果如图9-276所示。

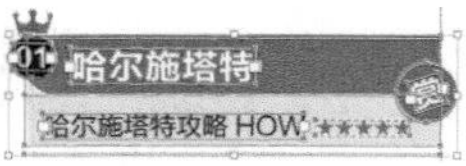

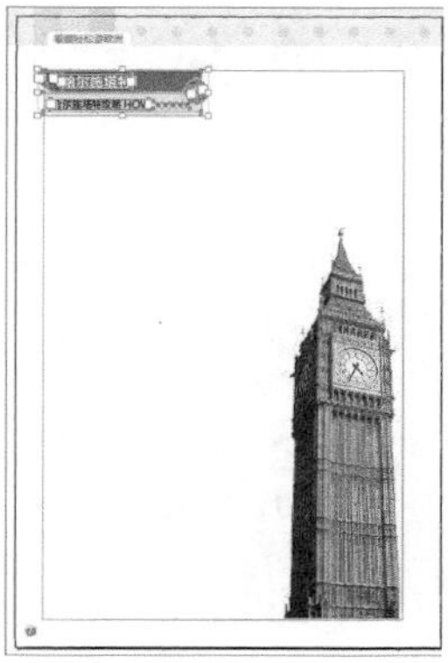

图9-274　　图9-275

图9-276

（4）选择“选择”工具，选取需要的图形，如图9-277所示，设置图形描边色的CMYK值分别为60、0、10、0，填充描边，取消图形的选取状态，效果如图9-278所示。

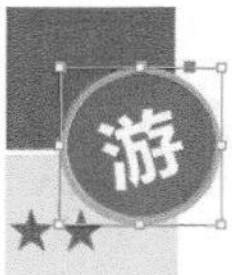

图9-277　　图9-278

（5）选择"文字"工具 [T]，在适当的位置拖曳一个文本框，输入需要的文字。将所有的文字选取，在控制面板中选择合适的字体并设置文字大小，效果如图9-279所示。在控制面板中将"行距"选项 [A⌄ 0点 ▾] 设为11，取消文字的选取状态，效果如图9-280所示。

图9-279   图9-280

（6）选择"矩形"工具 [▭]，在页面中适当的位置绘制一个矩形，如图9-281所示。选择"文件>置入"命令，弹出"置入"对话框，选择本书学习资源中的"Ch09 > 素材 > 制作旅游书籍 > 28"文件，单击"打开"按钮，在页面空白处单击鼠标置入图片。选择"自由变换"工具 [⊡]，将其拖曳到适当的位置，并调整其大小，效果如图9-282所示。

图9-281

图9-282

（7）保持图片的选取状态。按Ctrl+X组合键，将图片剪切到剪贴板上。选择"选择"工具 [▸]，单击下方的矩形，选择"编辑 > 贴入内部"命令，将图片贴入矩形图形的内部，并设置描边色为无，效果如图9-283所示。使用相同的方法制作其他图片效果，如图9-284所示。

图9-283

图9-284

（8）选择"钢笔"工具 [✐]，在页面中绘制一个图形，如图9-285所示。选择"文字"工具 [T]，在绘制的图形内单击鼠标，输入需要的文字。将所有的文字选取，在"段落样式"面板中单击"文本段落"样式，取消文字的选取状态，效果如图9-286所示。用上述方法制作内页的其他内容，效果如图9-287所示。

图9-285

图9-286

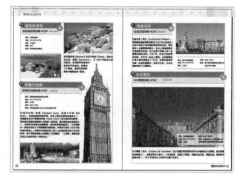

图9-287

9.1.9 制作书籍目录

（1）在"状态栏"中单击"文档所属页面"选项右侧的按钮▼，在弹出的页码中选择"01"，效果如图9-288所示。

（2）选择"文字"工具T，在页面中分别拖曳一个文本框，分别输入需要的文字，并将输入的文字选取，在控制面板中选择合适的字体并设置文字大小，取消文字的选取状态，效果如图9-289所示。

图9-288

图9-289

（3）选择"文字"工具T，选取需要的文字，如图9-290所示。设置文字填充色的CMYK值

分别为0、100、100、10，填充文字，取消文字的选取状态，效果如图9-291所示。

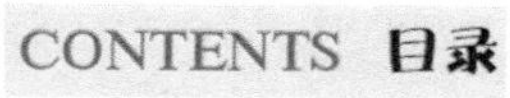

CONTENTS 目录 CONTENTS 目录

图9-290　　　　　　　图9-291

（4）按Ctrl+O组合键，打开本书学习资源中的"Ch09 > 素材 > 制作旅游书籍 > 30"文件，按Ctrl+A组合键，全选图形。按Ctrl+C组合键，复制选取的图形。返回到正在编辑的页面中，按Ctrl+V组合键，将其粘贴到页面中。选择"选择"工具▶，拖曳图形到适当的位置，效果如图9-292所示。

CONTENTS 目录

图9-292

（5）选择"矩形"工具▣，在适当的位置绘制一个矩形，填充图形为白色，并设置描边色为无，效果如图9-293所示。选择"文件 > 置入"命令，弹出"置入"对话框，选择本书学习资源中的"Ch09 > 素材 > 制作旅游书籍 > 31"文件，单击"打开"按钮，在页面空白处单击鼠标置入图片。选择"自由变换"工具▦，将其拖曳到适当的位置，并调整其大小，效果如图9-294所示。

图9-293　　　　　　　图9-294

（6）保持图片的选取状态。按Ctrl+X组合键，将图片剪切到剪贴板上。选择"选择"工具▶，单击下方的矩形，选择"编辑 > 贴入内部"命令，将图片贴入矩形图形的内部，并设置描边色为无，效果如图9-295所示。

图9-295

（7）使用相同的方法制作其他图片效果，如图9-296所示。选择"文件 > 置入"命令，弹出"置入"对话框，选择本书学习资源中的"Ch09 > 素材 > 制作旅游书籍 > 10、11、34、35、37"文件，单击"打开"按钮，在页面中分别单击鼠标左键置入图片。选择"自由变换"工具，分别将图片拖曳到适当的位置并调整其大小，效果如图9-297所示。

图9-296

图9-297

（8）选择"矩形"工具，在页面的适当位置绘制一个矩形，设置图形填充色的CMYK值分别为0、100、100、10，填充图形，并设置描边色为无，效果如图9-298所示。选择"对象 > 角选项"命令，在弹出的对话框中进行设置，如图9-299所示，单击"确定"按钮，效果如图9-300所示。

图9-298

图9-299

图9-300

（9）选择"直线"工具，按住Shift键的同时，在适当的位置绘制一条直线，效果如图9-301所示。选择"选择"工具，按住Alt+Shift组合键的同时，垂直向下拖曳直线到适当的位置，复制直线，效果如图9-302所示。

图9-301　　　　　　　图9-302

（10）选择"椭圆"工具，按住Shift键的同时，在适当的位置绘制一个圆形，设置图形填充色的CMYK值分别为0、25、75、0，填充图形，并设置描边色为白色，在"控制"面板中将"描边粗细"选项设为1，按Enter键，效果如图9-303所示。

（11）选择"文字"工具，在页面中拖曳一个文本框，分别输入需要的文字。将输入的文字选取,在"控制"面板中选择合适的字体并设置文字大小,效果如图9-304所示。选取需要的文字,如图9-305所示,填充文字为白色,取消文字选取状态,效果如图9-306所示。在"段落样式"面板中,单击面板下方的"创建新样式"按钮,生成新的段落样式并将其命名为"目录",如图9-307所示。

图9-303   图9-304

图9-305

图9-306   图9-307

(12)双击"目录"样式,弹出"段落样式选项"对话框,单击"基本字符格式"选项,弹出相应的对话框,设置如图9-308所示;单击左侧的"制表符"选项,弹出相应的对话框,设置如图9-309所示,单击"确定"按钮。

图9-308

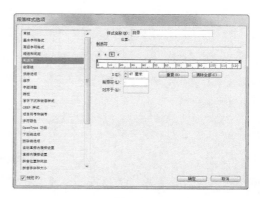

图9-309

(13)选择"版面 > 目录"命令,弹出"目录"对话框,删除"标题"选项中的"目录",在"其他样式"列表中选择"一级标题",如图9-310所示,单击"添加"按钮,将"一级标题"添加到"包含段落样式"列表中,如图9-311所示。

图9-310

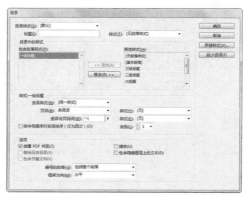

图9-311

（14）在"样式：一级标题"选项组中，单击"条目样式"选项右侧的按钮▼，在弹出的菜单中选择"目录"，单击"页码"选项右侧的按钮▼，在弹出的菜单中选择"条目后"，如图9-312所示。

图9-312

（15）在"其他样式"列表中选择"二级标题"，单击"添加"按钮 << 添加(A) ，将"二级标题"添加到"包含段落样式"列表中，其他选项的设置如图9-313所示。在"其他样式"列表中选择"三级标题"，单击"添加"按钮 << 添加(A) ，将"三级标题"添加到"包含段落样式"列表中，其他选项的设置如图9-314所示。

图9-313

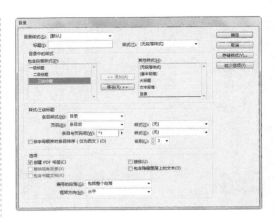

图9-314

（16）单击"确定"按钮，在页面中拖曳光标，提取目录。单击"段落样式"面板下方的"清除选区中的优先选项"按钮 ，并适当调整目录顺序，效果如图9-315所示。用相同的方法添加其他目录，效果如图9-316所示。旅游书籍制作完成。

图9-315

图9-316

9.2　课后习题——制作菜谱书籍

【**习题知识要点**】在Illustrator中，使用参考线分割页面，使用置入命令、矩形工具和建立剪切蒙版命令制作图片的剪切蒙版，使用透明度控制面板制作半透明效果，使用文字工具、字符控制面板和填充工具添加并编辑内容信息，使用星形工具、椭圆工具、混合工具制作装饰图形，使用钢笔工具、路径文字工具制作路径文字；在CorelDRAW中，使用插入条码命令插入条形码；在InDesign中，使用页码和章节选项命令更改起始页码，使用置入命令、选择工具添加并裁剪图片，使用矩形工具、角选项命令和贴入内部命令制作图片剪切效果，使用边距和分栏命令调整边距和分栏，使用文字工具、字符样式面板和段落样式面板添加标题及介绍性文字，使用直线工具、描边面板制作虚线效果，使用目录命令提取书籍目录。菜谱书籍封面、内页效果如图9-317所示。

【**效果所在位置**】Ch09/效果/制作菜谱书籍/菜谱书籍封面.ai、菜谱书籍内页.indd。

图9-317

第 *10* 章

VI设计

本章介绍

　　VI是企业形象设计的整合。它通过具体的符号将企业理念、文化素质、企业规范等抽象概念进行充分的表达，以标准化、系统化、统一化的方式塑造良好的企业形象，传播企业文化。本章以标志设计、标志墨稿、标志反白稿等为例，讲解VI设计基础应用中的各项设计方法和制作技巧；以公司名片、信纸、信封、传真纸为例，讲解应用系统中的各项设计方法和制作技巧。

学习目标

◆ 在Illustrator软件中制作速益达科技标志及其他元素。
◆ 在Illustrator软件中制作盛发游戏标志及其他元素。

技能目标

◆ 掌握"速益达科技VI手册"的制作方法。
◆ 掌握"盛发游戏VI手册"的制作方法。

10.1　制作速益达科技VI手册

　　【**案例学习目标**】在Illustrator中，学习使用显示网格命令、绘图工具、路径查找器命令和文字工具制作标志图形，使用矩形工具、直线段工具、文字工具制作模板，使用混合工具制作混合对象，使用描边控制面板为矩形添加虚线效果。

　　【**案例知识要点**】在Illustrator中，使用显示网格命令显示或隐藏网格，使用椭圆工具、钢笔工具和分割命令制作标志图形，使用矩形工具、直线段工具、文字工具、填充工具制作模板，使用对齐面板对齐对象，使用矩形工具、扩展命令、直线段工具和描边命令制作标志预留空间，使用矩形工具、混合工具、扩展命令和填充工具制作标准色块，使用直线段工具和文字工具对图形进行标注，使用建立剪切蒙版命令制作信纸底图，使用绘图工具、镜像命令制作信封，使用描边控制面板制作虚线效果，使用多种绘图工具、渐变工具和复制/粘贴命令制作员工胸卡，使用倾斜工具倾斜图形。速益达科技VI手册如图10-1所示。

　　【**效果所在位置**】Ch10/制作速益达科技VI手册/标志设计.ai、模板A.ai、模板B.ai、标志墨稿.ai、标志反白稿.ai、标志预留空间与最小比例限制.ai、企业全称中文字体.ai、企业全称英文字体.ai、企业标准色.ai、企业辅助色系列.ai、名片.ai、信纸.ai、信封.ai、传真纸.ai、员工胸卡.ai、文件夹.ai。

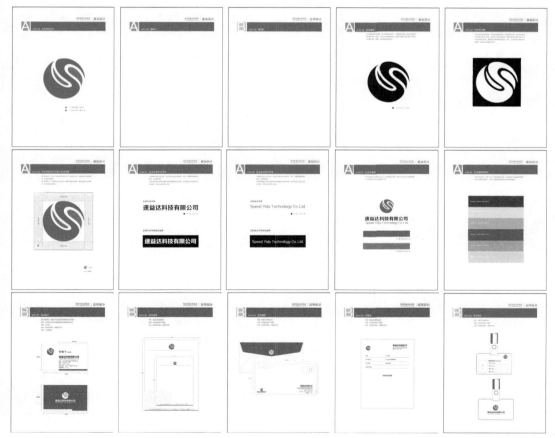

图10-1

图10-1（续）

10.1.1 标志设计

（1）打开Illustrator CS6软件，按Ctrl+N组合键，新建一个文档，宽度为210 mm，高度为297 mm，取向为竖向，颜色模式为CMYK，单击"确定"按钮。按Ctrl+"组合键，显示网格。

（2）按Ctrl+Shift+"组合键，对齐网格。选择"椭圆"工具◉，按住Alt+Shift组合键的同时，以其中一个网格的中心为中点绘制一个圆形，效果如图10-2所示。选择"钢笔"工具✐，在页面中适当的位置分别绘制两个不规则闭合图形，如图10-3所示。

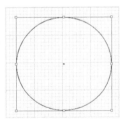
图10-2

图10-3

（3）选择"选择"工具▸，使用圈选的方法将所有绘制的图形同时选取。选择"窗口＞路径查找器"命令，弹出"路径查找器"控制面板，单击"分割"按钮▣，如图10-4所示，分割下方对象，效果如图10-5所示。按Ctrl+Shift+G组合键，取消图形编组。

（4）选择"选择"工具▸，按住Shift键的同时，单击不需要的图形将其同时选中，如图10-6

所示，按Delete键将其删除，效果如图10-7所示。按Ctrl+"组合键，隐藏网格。

图10-4

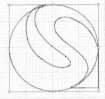
图10-5

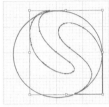
图10-6

图10-7

（5）选择"选择"工具▸，选取图形，设置图形填充颜色为蓝色（其CMYK值分别为100、50、0、0），填充图形，并设置描边色为无，效果如图10-8所示。选择"钢笔"工具✐，在适当的位置分别绘制两个不规则闭合图形，如图10-9所示。

图10-8

图10-9

（6）选择"选择"工具▸，按住Shift键的同时，将所绘制的图形同时选取，设置图形填充颜色为红色（其CMYK值分别为0、100、100、10），填充图形，并设置描边色为无，取消图形的选取状态，效果如图10-10所示。

（7）选择"矩形"工具▣，在页面中单击鼠标左键，弹出"矩形"对话框，选项的设置如图10-11所示，单击"确定"按钮，出现一个正方形。选择"选择"工具▸，将矩形拖曳到适当的位置，设置图形填充颜色为蓝色（其CMYK值分别为100、50、0），填充图形，并设置描边色为

192

无，效果如图10-12所示。

（8）选择"文字"工具T，在适当的位置输入需要的文字，选择"选择"工具，在属性栏中选择合适的字体并设置文字大小，效果如图10-13所示。

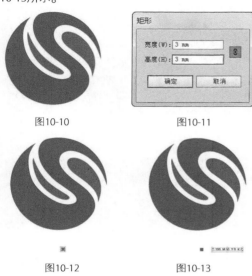

图10-10　　　　　　　图10-11

图10-12　　　　　　　图10-13

（9）选择"选择"工具，按住Shift键的同时，单击蓝色正方形将其同时选中，按住Alt+Shift组合键的同时，用鼠标垂直向下拖曳图形到适当的位置，复制图形，效果如图10-14所示。选中蓝色矩形，设置图形填充颜色为红色（其CMYK值分别为0、100、100、10），填充图形，效果如图10-15所示。选择"文字"工具T，重新输入CMYK值，效果如图10-16所示。

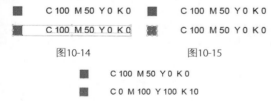

C 100 M 50 Y 0 K 0　　　C 100 M 50 Y 0 K 0

C 100 M 50 Y 0 K 0　　　C 100 M 50 Y 0 K 0

图10-14　　　　　　　图10-15

C 100 M 50 Y 0 K 0

C 0 M 100 Y 100 K 10

图10-16

（10）选择"矩形"工具，在页面中适当的位置拖曳鼠标绘制一个矩形，设置图形填充颜色为青色（其CMYK值分别为100、0、0、0），填充图形，并设置描边色为无，效果如图10-17所示。选择"选择"工具，按住Alt+Shift组合

键的同时，用鼠标水平向右拖曳图形到适当的位置，复制图形。

（11）保持图形的选取状态。拖曳复制的矩形右边中间的控制手柄到适当的位置，调整图形大小。设置图形填充颜色为蓝色（其CMYK值分别为100、50、0、0），填充图形，效果如图10-18所示。

图10-17 　　　　　　　图10-18

（12）选择"文字"工具T，在适当的位置分别输入需要的文字，选择"选择"工具，在属性栏中分别选择合适的字体并设置文字大小，按Alt+ ← 组合键，适当调整文字间距，效果如图10-19所示。将输入的文字同时选取，设置文字为淡黑色（其CMYK的值分别为0、0、0、80），填充文字颜色，效果如图10-20所示。

（13）选择"直线段"工具，按住Shift键的同时，绘制一条竖线。在属性栏中将"描边粗细"选项设置为0.5pt。设置描边颜色为淡黑色（其CMYK的值分别为0、0、0、80），填充描边，效果如图10-21所示。

图10-19

图10-20 　　　　　　　图10-21

（14）选择"文字"工具T，在适当的位置分别输入需要的文字，选择"选择"工具，在属性栏中分别选择合适的字体并设置文字大小，

填充文字为白色，效果如图10-22所示。

图10-22

（15）标志制作完成。按Ctrl+S组合键，弹出"存储为"对话框，将其命名为"标志设计"，保存为AI格式，单击"保存"按钮，将文件保存。

10.1.2　制作模板A

（1）按Ctrl+O组合键，打开本书学习资源中的"Ch10 > 制作速益达科技VI手册 > 标志设计"文件，选择"选择"工具，选取不需要的图形，如图10-23所示，按Delete键将其删除，效果如图10-24所示。

图10-23　　　　　　图10-24

（2）选择"文字"工具，选取需要更改的文字，如图10-25所示，输入需要的文字，效果如图10-26所示。使用相同的方法更改其他文字，效果如图10-27所示。模板A制作完成。模板A部分表示VI手册中的基础部分。

图10-25

图10-26　　　　　　图10-27

（3）按Ctrl+Shift+S组合键，弹出"存储为"对话框，将其命名为"模板A"，保存为AI格式，单击"保存"按钮，将文件保存。

10.1.3　制作模板B

（1）按Ctrl+O组合键，打开本书学习资源中的"Ch10 > 制作速益达科技VI手册 > 模板A"文件，选择"文字"工具，选取文字"基础"，如图10-28所示，输入需要的文字，效果如图10-29所示。使用相同的方法制作其他文字，效果如图10-30所示。

图10-28　　　　　　图10-29

图10-30

（2）选择"选择"工具，选取需要的图形，如图10-31所示，设置图形填充色为橘黄色（其CMYK的值分别为0、35、100、0），填充图形，效果如图10-32所示。模板B制作完成。模板B部分表示VI手册中的应用部分。

图10-31　　　　　　图10-32

（3）按Ctrl+Shift+S组合键，弹出"存储为"对话框，将其命名为"模板B"，保存为AI格式，单击"保存"按钮，将文件保存。

10.1.4　标志墨稿

（1）按Ctrl+O组合键，打开本书学习资源中的"Ch10 > 制作速益达科技VI手册 > 标志设计"文件，选择"选择"工具，选取不需要的图形和文字，如图10-33所示，按Delete键将其删除，效果如图10-34所示。

（2）选择"选择"工具，使用圈选的方法将图形和文字同时选取，填充图形为黑色，效果如图10-35所示。选择"文字"工具，重新输入CMYK值，效果如图10-36所示。

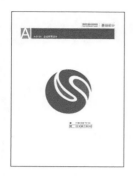

图10-33

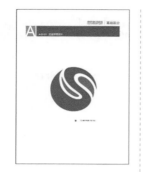

图10-34

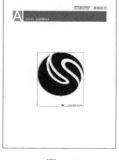

图10-35

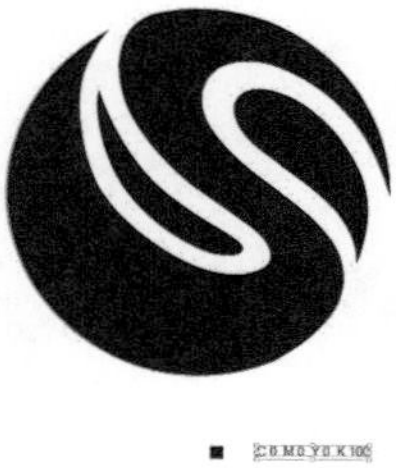

图10-36

（3）选择“文字”工具T，选取需要更改的文字，如图10-37所示，输入需要的文字，效果如图10-38所示。使用相同的方法更改其他文字，效果如图10-39所示。

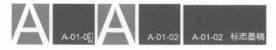

A
A-01-01

图10-37

A
A-01-02

图10-38

A-01-02　标志墨稿

图10-39

（4）选择“文字”工具T，在适当的位置输入需要的文字，选择“选择”工具，在属性栏中选择合适的字体并设置文字大小。设置文字为淡黑色（其CMYK的值分别为0、0、0、80），填充文字，效果如图10-40所示。

A
A-01-02　标志墨稿

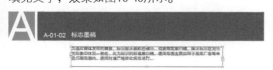

图10-40

（5）按Ctrl+T组合键，弹出“字符”控制面板，将“设置行距”选项设置为17pt，其他选项的设置如图10-41所示，按Enter键，效果如图10-42所示。

（6）标志墨稿制作完成。按Ctrl+Shift+S组合键，弹出“存储为”对话框，将其命名为“标志墨稿”，保存为AI格式，单击“保存”按钮，将文件保存。

字符
汉仪中圆简
8 pt
17 pt
100%
100%
自动
0
0%
自动
自动
0 pt
0°
英语：美国
锐化

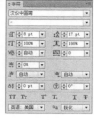

图10-41

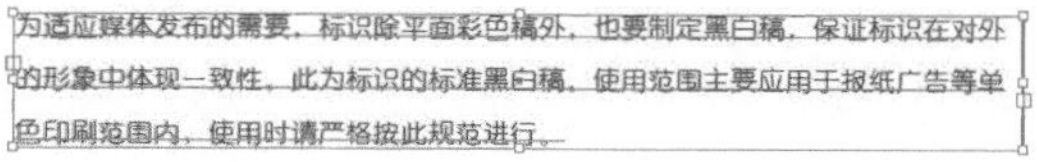

为适应媒体发布的需要，标识除平面彩色稿外，也要制定黑白稿，保证标识在对外的形象中体现一致性，此为标识的标准黑白稿，使用范围主要应用于报纸广告等单色印刷范围内，使用时请严格按此规范进行。

图10-42

10.1.5　标志反白稿

（1）按Ctrl+O组合键，打开本书学习资源中的“Ch10 > 制作速益达科技VI手册 > 标志设计”文件，选择“选择”工具，选取不需要的图形和文字，如图10-43所示，按Delete键将其删除。使用圈选的方法选取标志图形，按Ctrl+G组合键，将其编组，如图10-44所示。

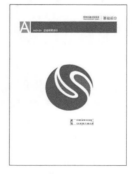

图10-43

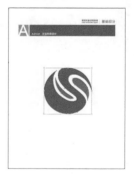

图10-44

（2）选择“矩形”工具，在页面中单击鼠标左键，弹出“矩形”对话框，选项的设置如图10-45所示，单击“确定”按钮，出现一个矩形。选择“选择”工具，拖曳矩形到适当的位置，填充图形为黑色，并设置描边色为无，效果如图10-46所示。按Ctrl+Shift+[组合键，将图形置于底层，效果如图10-47所示。

矩形
宽度(W)：100 mm
高度(H)：103 mm
确定
取消

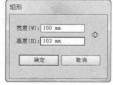

图10-45

图10-46

图10-47

（3）选择"选择"工具 ，选择"标志"
图形，填充图形为白色，效果如图10-48所示。按
住Shift键的同时，单击黑色矩形将其同时选取，
在属性栏中单击"水平居中对齐"按钮 和"垂
直居中对齐"按钮 ，将选中的图形居中对齐，
效果如图10-49所示。

图10-48　　　　　　图10-49

（4）选择"文字"工具 ，选取需要更改
的文字，如图10-50所示，输入需要的文字，效果
如图10-51所示。使用相同的方法更改其他文字，
效果如图10-52所示。

图10-50　　　　图10-51　　　　图10-52

（5）选择"文字"工具 ，在适当的位置
输入需要的文字，选择"选择"工具 ，在属性
栏中选择合适的字体并设置文字大小，按Alt+↓
组合键，适当调整文字行距。设置文字为淡黑
色（其CMYK的值分别为0、0、0、80），填充文
字，效果如图10-53所示。标志反白稿制作完成，
效果如图10-54所示。

图10-53

图10-54

（6）按Ctrl+Shift+S组合键，弹出"存储为"
对话框，将其命名为"标志反白稿"，保存为AI
格式，单击"保存"按钮，将文件保存。

10.1.6　标志预留空间与最小比例限制

（1）按Ctrl+O组合键，打开本书学习资源中
的"Ch10 > 制作速益达科技VI手册 > 标志设计"
文件，选择"选择"工具 ，选取不需要的图形
和文字，如图10-55所示，按Delete键将其删除。
使用圈选的方法选取标志图形，按Ctrl+G组合
键，将其编组，如图10-56所示。

图10-55　　　　　　图10-56

（2）选择"矩形"工具 ，在页面中单击鼠标
左键，弹出"矩形"对话框，选项的设置如图10-57

所示，单击"确定"按钮，出现一个矩形。选择"选择"工具，将矩形拖曳到适当的位置，效果如图10-58所示。

图10-57

（3）选择"选择"工具，按住Shift键的同时，单击标志图形将其同时选取，在属性栏中单击"水平居中对齐"按钮 和 "垂直居中对齐"按钮，将选中的图形居中对齐，图形效果如图10-59所示。

图10-58　　　　　　　图10-59

（4）在页面空白处单击，取消图形的选择状态。选择"选择"工具，选择绘制的矩形，选择"窗口 > 描边"命令，弹出"描边"控制面板，单击"对齐描边"选项中的"使描边内侧对齐"按钮，其他选项的设置如图10-60所示，图形效果如图10-61所示。设置描边颜色为灰色（其CMYK的值分别为0、0、0、10），填充图形描边，效果如图10-62所示。

图10-60

图10-61　　　　　　　图10-62

（5）按Ctrl+C组合键，复制灰色图形，按Ctrl+F组合键，将复制的图形粘贴在前面，填充图形描边为黑色。选择"描边"控制面板，单击"对齐描边"选项中的"使描边外侧对齐"按钮，其他选项的设置如图10-63所示，图形效果如图10-64所示。

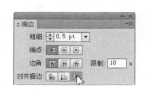 

图10-63　　　　　　　图10-64

（6）选择"直线段"工具，按住Shift键的同时，绘制一条直线，效果如图10-65所示。选择"描边"控制面板，勾选"虚线"选项，数值被激活，各选项的设置如图10-66所示，按Enter键，效果如图10-67所示。

（7）选择"选择"工具，选择虚线，按住Alt+Shift组合键的同时，垂直向下拖曳虚线到适当的位置，复制一条虚线，如图10-68所示。

图10-65　　　　　　　图10-66

图10-67　　　　　　　图10-68

（8）选择"选择"工具，按住Shift键的同时，单击原虚线将其同时选取。双击"旋转"工具，弹出"旋转"对话框，选项的设置如图

10-69所示，单击"复制"按钮，旋转并复制虚
线，效果如图10-70所示。

图10-69 图10-70

（9）选择"文字"工具，在适当的位置
分别输入需要的文字，选择"选择"工具，在
属性栏中分别选择合适的字体并设置文字大小，
效果如图10-71所示。

（10）选择"直排文字"工具，在适当
的位置分别输入需要的文字，选择"选择"工具
，在属性栏中分别选择合适的字体并设置文
字大小，效果如图10-72所示。

图10-71 图10-72

（11）选择"选择"工具，选择标志图
形，按Alt键的同时，向下拖曳图形到适当的位
置，复制图形。按Shift+Alt组合键，等比例缩小
图形，效果如图10-73所示。

图10-73

（12）选择"矩形"工具，在页面中单击
鼠标左键，弹出"矩形"对话框，选项的设置如

图10-74所示，单击"确定"按钮，出现一个矩
形。选择"选择"工具，将矩形拖曳到适当
的位置，在属性栏中将"描边粗细"选项设置为
0.5pt，按Enter键，效果如图10-75所示。

图10-74 图10-75

（13）在页面空白处单击，取消图形的选择
状态。选择"直接选择"工具，选择矩形的左
边，如图10-76所示，按Delete键将其删除，如图
10-77所示。

图10-76 图10-77

（14）选择"文字"工具，在适当的位置
分别输入需要的文字，选择"选择"工具，在
属性栏中分别选择合适的字体并设置文字大小，
效果如图10-78所示。

最小比例限制

图10-78

（15）选择"文字"工具，选取需要更改
的文字，如图10-79所示，输入需要的文字，效果
如图10-80所示。使用相同的方法更改其他文字，
效果如图10-81所示。

图10-79 图10-80

图10-84 图10-85

图10-82

图10-86 图10-87

（16）选择"文字"工具 T，在适当的位置输入需要的文字，选择"选择"工具，在属性栏中选择合适的字体并设置文字大小，按Alt+↓组合键，适当调整文字行距。设置文字为淡黑色（其CMYK的值分别为0、0、0、80），填充文字，效果如图10-82所示。

（17）标志预留空间与最小比例限制制作完成，效果如图10-83所示。按Ctrl+Shift+S组合键，弹出"存储为"对话框，将其命名为"标志预留空间与最小比例限制"，保存为AI格式，单击"保存"按钮，将文件保存。

图10-83

10.1.7 企业全称中文字体

（1）按Ctrl+O组合键，打开本书学习资源中的"Ch10 > 制作速益达科技VI手册 > 模板A"文件，如图10-84所示。选择"文字"工具 T，选取需要更改的文字，如图10-85所示，输入需要的文字，效果如图10-86所示。使用相同的方法更改其他文字，效果如图10-87所示。

（2）选择"文字"工具 T，在适当的位置输入需要的文字，选择"选择"工具，在属性栏中选择合适的字体并设置文字大小，按Alt+↓组合键，适当调整文字行距。设置文字为淡黑色（其CMYK的值分别为0、0、0、80），填充文字，效果如图10-88所示。

图10-88

（3）选择"文字"工具 T，在适当的位置分别输入需要的文字，选择"选择"工具，在属性栏中分别选择合适的字体并设置文字大小，效果如图10-89所示。

（4）选择"矩形"工具，在页面中单击鼠标左键，弹出"矩形"对话框，选项的设置如图10-90所示，单击"确定"按钮，出现一个正方形。选择"选择"工具，将正方形拖曳到适当的位置，填充图形为黑色，并设置描边色为无，效果如图10-91所示。

图10-89

图10-90

有限公司

■ C0 M0 Y0 K100

图10-91

（5）选择"文字"工具 T，在适当的位置输入需要的文字，选择"选择"工具，在属性栏中选择合适的字体并设置文字大小，效果如图10-92所示。选择"矩形"工具，在页面中拖曳鼠标绘制一个矩形，填充图形为黑色，并设置描边色为无，效果如图10-93所示。

速益达科技有限公司

■ C0 M0 Y0 K100

图10-92 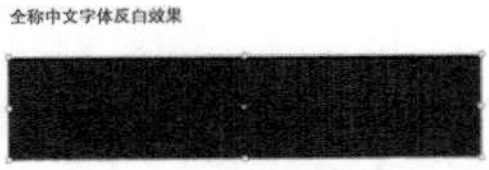   图10-93

（6）选择"文字"工具 T，在适当的位置输入需要的文字，选择"选择"工具，在属性栏中选择合适的字体并设置文字大小，填充文字为白色，效果如图10-94所示。

（7）企业全称中文字体制作完成，效果如图10-95所示。按Ctrl+Shift+S组合键，弹出"存储为"对话框，将其命名为"企业全称中文字体"，保存为AI格式，单击"保存"按钮，将文件保存。

图10-94   图10-95

10.1.8 企业全称英文字体

（1）按Ctrl+O组合键，打开本书学习资源中的"Ch10 > 制作速益达科技VI手册 > 企业全称中

文字体"文件，选择"选择"工具，选取不需要的文字，如图10-96所示，按Delete键将其删除，效果如图10-97所示。

图10-96   图10-97

（2）选择"文字"工具 T，选取需要更改的文字，如图10-98所示，输入需要的文字，效果如图10-99所示。使用相同的方法更改其他文字，效果如图10-100所示。

图10-98

图10-99   图10-100

（3）选择"文字"工具 T，在适当的位置输入需要的文字，选择"选择"工具，在属性栏中选择合适的字体并设置文字大小，效果如图10-101所示。选取输入的文字，按Alt键的同时，向下拖曳文字到适当的位置，并调整文字大小，填充文字为白色，效果如图10-102所示。

图10-101    图10-102

（4）企业全称英文字体制作完成。按Ctrl+Shift+S组合键，弹出"存储为"对话框，将其命名为"企业全称英文字体"，保存为AI格式，单击"保存"按钮，将文件保存。

10.1.9　企业标准色

（1）按Ctrl+O组合键，打开本书学习资源中的"Ch10 > 制作速益达科技VI手册 > 标志设计"文件，如图10-103所示。选择"选择"工具，选择标志图形，按住Shift+Alt组合键，等比例缩小图形，并将其拖曳到适当的位置，效果如图10-104所示。

图10-103　　　　　　　图10-104

（2）选择"文字"工具，选取需要更改的文字，如图10-105所示，输入需要的文字，效果如图10-106所示。使用相同的方法更改其他文字，效果如图10-107所示。

图10-105

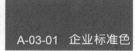

图10-106　　　　　　　图10-107

（3）选择"文字"工具，在适当的位置输入需要的文字，选择"选择"工具，在属性栏中选择合适的字体并设置文字大小，按Alt+↓组合键，适当调整文字行距。设置文字为淡黑色（其CMYK的值分别为0、0、0、80），填充文字，效果如图10-108所示。

图10-108

（4）选择"文字"工具，在适当的位置分别输入需要的文字，选择"选择"工具，在属性栏中分别选择合适的字体并设置文字大小，效果如图10-109所示。选择蓝色矩形，向下拖曳到适当的位置并调整其大小，效果如图10-110所示。

图10-109　　　　　　　图10-110

（5）选择"选择"工具，选中文字并拖曳到适当的位置，效果如图10-111所示。使用相同的方法制作其他图形和文字，效果如图10-112所示。企业标准色制作完成。

图10-111　　　　　　　图10-112

（6）按Ctrl+Shift+S组合键，弹出"存储为"对话框，将其命名为"企业标准色"，保存为AI格式，单击"保存"按钮，将文件保存。

10.1.10 企业辅助色系列

（1）按Ctrl+O组合键，打开本书学习资源中的"Ch10 > 制作速益达科技VI手册 > 模板A"文件，如图10-113所示。选择"文字"工具 T，选取需要更改的文字，如图10-114所示，输入需要的文字，效果如图10-115所示。使用相同的方法更改其他文字，效果如图10-116所示。

图10-113　　　　　　　图10-114

图10-115　　　　　　　图10-116

（2）选择"文字"工具 T，在适当的位置输入需要的文字，选择"选择"工具 ，在属性栏中选择合适的字体并设置文字大小，按Alt+↓组合键，适当调整文字行距。设置文字为淡黑色（其CMYK的值分别为0、0、0、80），填充文字，效果如图10-117所示。

图10-117

（3）选择"矩形"工具 ，在页面适当的位置拖曳鼠标绘制一个矩形，设置图形填充颜色为紫色（其CMYK值分别为60、100、0、0），填充图形，并设置描边色为无，效果如图10-118所示。按住Alt+Shift组合键的同时，用鼠标垂直

向下拖曳图形到适当的位置，复制图形，如图10-119所示。设置图形填充颜色为淡灰色（其CMYK值分别为0、0、0、20），填充图形，效果如图10-120所示。

图10-118

图10-119　　　　　　　图10-120

（4）选择"选择"工具 ，将两个矩形同时选取，双击"混合"工具 ，在弹出的对话框中进行设置，如图10-121所示，单击"确定"按钮，在两个矩形上单击生成混合，如图10-122所示。

图10-121　　　　　　　图10-122

（5）保持图形的选取状态，选择"对象 > 扩展"命令，弹出"扩展"对话框，选项的设置如图10-123所示，单击"确定"按钮，效果如图10-124所示。

图10-123　　　　　　　　图10-124

图10-127　　　　　　　　图10-128

图10-129　　　　　　　　图10-130

（6）按Ctrl+Shift+G组合键，取消图形编组。选择"选择"工具🔖，选择第2个矩形，设置图形填充颜色为黄色（其CMYK值分别为0、0、100、0），填充图形，效果如图10-125所示。分别选取下方的矩形，并依次填充颜色为绿色（其CMYK值分别为50、0、100、0）、蓝色（其CMYK值分别为100、60、0、0）、橙黄色（其CMYK值分别为0、60、100、0），效果如图10-126所示。

（9）企业辅助色系列制作完成。按Ctrl+Shift+S组合键，弹出"存储为"对话框，将其命名为"企业辅助色系列"，保存为AI格式，单击"保存"按钮，将文件保存。

10.1.11　名片

（1）按Ctrl+O组合键，打开本书学习资源中的"Ch10 > 制作速益达科技VI手册 > 模板B"文件，如图10-131所示。选择"文字"工具🅣，选取需要更改的文字，如图10-132所示，输入需要的文字，效果如图10-133所示。使用相同的方法更改其他文字，效果如图10-134所示。

图10-125　　　　　　　　图10-126

（7）选择"文字"工具🅣，在适当的位置输入需要的文字，选择"选择"工具🔖，在属性栏中选择合适的字体并设置文字大小，填充文字为白色，效果如图10-127所示。

（8）按住Alt+Shift组合键的同时，用鼠标垂直向下拖曳文字到适当的位置，复制文字，如图10-128所示。连续按Ctrl+D组合键，复制出多个文字，效果如图10-129所示。选择"文字"工具🅣，分别重新输入CMYK值，效果如图10-130所示。

图10-131　　　　　　　　图10-132

图10-133　　　　　　　图10-134

（2）选择"文字"工具[T]，在适当的位置输入需要的文字，选择"选择"工具[R]，在属性栏中选择合适的字体并设置文字大小。设置文字为淡黑色（其CMYK的值分别为0、0、0、80），填充文字颜色，效果如图10-135所示。

图10-135

（3）按Ctrl+T组合键，弹出"字符"控制面板，将"设置行距"选项[A]设置为17pt，其他选项的设置如图10-136所示，按Enter键，效果如图10-137所示。

图10-136　　　　　　　图10-137

（4）选择"矩形"工具[■]，在页面中单击鼠标，弹出"矩形"对话框，在对话框中进行设置，如图10-138所示，单击"确定"按钮，得到一个矩形并将其拖曳到适当的位置。填充图形为白色，设置描边色为灰色（其CMYK的值分别为0、0、0、50），填充描边，效果如图10-139所示。

（5）按Ctrl+O组合键，打开本书学习资源中的"Ch10 > 制作速益达科技VI手册 > 企业标准色"文件，选择"选择"工具[R]，选取标志图形和标准字，按Ctrl+C组合键，复制图形。选择正在编辑的页面，按Ctrl+V组合键，将其粘贴到页面中。选

择"选择"工具[R]，将标志图形拖曳到矩形左上角并调整其大小，效果如图10-140所示。

（6）选择"矩形"工具[■]，在页面中单击鼠标，弹出"矩形"对话框，选项的设置如图10-141所示，单击"确定"按钮，得到一个矩形，拖曳矩形到适当的位置，如图10-142所示。设置填充色为蓝色（其CMYK的值分别为100、50、0、0），填充图形，设置描边色为无，效果如图10-143所示。

图10-138　　　　　　　图10-139

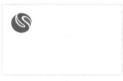

图10-140　　　　　　　图10-141

图10-142　　　　　　　图10-143

（7）选择"选择"工具[R]，按住Shift键的同时，单击所需要的图形，将其同时选取，如图10-144所示。选择"窗口 > 对齐"命令，弹出"对齐"控制面板，如图10-145所示，单击"水平右对齐"按

图10-144

钮▯和"垂直底对齐"按钮▯，图形效果如图10-146所示。

图10-145　　　　　图10-146

（8）按Ctrl+R组合键，在页面中显示标尺。将光标放在垂直刻度上，单击并拖曳鼠标，拖曳出一条垂直参考线，如图10-147所示。选择"文字"工具▯，在矩形中输入姓名和职务名称。选择"选择"工具▯，在属性栏中选择合适的字体并设置文字大小，效果如图10-148所示。

图10-147　　　　　图10-148

（9）选择"选择"工具▯，选取空白处的标志文字，适当调整大小，并拖曳标准字，使其与参考线对齐，效果如图10-149所示。选择"文字"工具▯，在标准字的下方输入地址和联系方式。选择"选择"工具▯，在属性栏中选择合适的字体并设置文字大小，效果如图10-150所示。

图10-149　　　　　图10-150

（10）选择"选择"工具▯，选取参考线，按Delete键将其删除，如图10-151所示。选择"选择"工具▯，选取白色矩形，按Ctrl+C组合键，复制图形，按Ctrl+B组合键，将复制的图形粘贴在后面，并在右下方拖曳图形到适当的位置，效果如图10-152所示。设置图形填充色为灰色（其CMYK

图10-151

的值分别为0、0、0、10），填充图形，并设置描边色为无，效果如图10-153所示。

图10-152　　　　　图10-153

（11）选择"直线段"工具▯和"文字"工具▯，对图形进行标注，效果如图10-154所示。选择"选择"工具▯，按住Shift键的同时，单击需要的文字和图形，将其同时选取，如图10-155所示。

图10-154　　　　　图10-155

（12）按住Alt+Shift组合键的同时，垂直向下拖曳图形到适当的位置，复制一组图形，取消选取状态，效果如图10-156所示。选择"选择"工具▯，按住Shift键的同时，单击所需要的图形，将其同时选取。单击属性栏中的"水平左对齐"按钮▯，图形效果如图10-157所示。

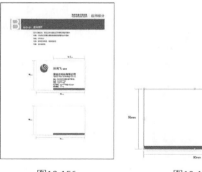

图10-156　　　　　图10-157

（13）选择"选择"工具▯，选取需要的图形，填充图形为白色，效果如图10-158所示。选取后方矩形，设置图形填充色为蓝色（其CMYK值分别为100、50、0、0），填充图形，效果如图10-159所示。

图10-158

图10-159

（14）选择"企业标准色"页面，选择"选择"工具，选取并复制标志图形和标准字，将其粘贴到页面中适当的位置并调整大小，填充图形为白色，效果如图10-160所示。公司名片制作完成，效果如图10-161所示。按Ctrl+Shift+S组合键，弹出"存储为"对话框，将其命名为"名片"，保存为AI格式，单击"保存"按钮，将文件保存。

图10-160

图10-161

10.1.12 信纸

（1）按Ctrl+O组合键，打开本书学习资源中的"Ch10 > 制作速益达科技VI手册 > 模板B"文件，如图10-162所示。选择"文字"工具，选取需要更改的文字，如图10-163所示，输入需要的文字，效果如图10-164所示。使用相同的方法更改其他文字，效果如图10-165所示。

图10-162

图10-163

图10-164

图10-165

（2）选择"文字"工具，在适当的位置输入需要的文字，选择"选择"工具，在属性栏中选择合适的字体并设置文字大小，按Alt+↓组合键，适当调整文字行距。设置文字为淡黑色（其CMYK的值分别为0、0、0、80），填充文字，效果如图10-166所示。

图10-166

（3）选择"矩形"工具，在页面中单击鼠标左键，弹出"矩形"对话框，选项的设置如图10-167所示，单击"确定"按钮，得到一个矩形。选择"选择"工具，将矩形拖曳到页面中适当的位置，在属性栏中将"描边粗细"选项设置为0.25pt，填充图形为白色，并设置描边色为深灰色（其CMYK值分别为0、0、0、90），填充描边，效果如图10-168所示。

图10-167

图10-168

（4）按Ctrl+O组合键，打开本书学习资源中的"Ch10 > 制作速益达科技VI手册 > 标志设计"文件，选取并复制标志图形，将其粘贴到页面中。选择"选择"工具，将标志图形拖曳到页面中适当的位置并调整大小，效果如图10-169所示。

（5）选择"直线段"工具，按住Shift键的同时，在适当的位置绘制一条直线，设置描边颜色为灰色（其CMYK的值分别为0、0、0、70），填充直线，效果如图10-170所示。

图10-169　　　　　　　图10-170

（6）选择"标志设计"页面。选择"选择"工具▶，选取并复制标志，将其粘贴到页面中适当的位置并调整大小，效果如图10-171所示。

（7）选择"选择"工具▶，设置图形填充色为浅灰色（其CMYK的值分别为0、0、0、5），填充图形，效果如图10-172所示。连续按Ctrl+ [组合键，将图形向后移动到白色矩形的后面，效果如图10-173所示。

图10-171

图10-172　　　　　　　图10-173

（8）选择"选择"工具▶，选取背景矩形，按Ctrl+C组合键，复制图形，按Ctrl+F组合键，将复制的图形粘贴在前面，按住Shift键的同

时，单击标志图形，将其同时选取，如图10-174所示。按Ctrl+7组合键，建立剪切蒙版，取消选取状态，效果如图10-175所示。

图10-174　　　　　　　图10-175

（9）选择"矩形"工具▣，绘制一个矩形，设置图形填充色为蓝色（其CMYK的值分别为100、50、0、0），填充图形，并设置描边色为无，效果如图10-176所示。选择"文字"工具Ｔ，在适当的位置输入需要的文字，选择"选择"工具▶，在属性栏中选择合适的字体并设置文字的大小，效果如图10-177所示。

图10-176　　　　　　　图10-177

（10）选择"直线段"工具╱和"文字"工具Ｔ，对信纸进行标注，效果如图10-178所示。使用上述方法在适当的位置制作出一个较小的信纸图形，效果如图10-179所示。信纸制作完成，效果如图10-180所示。按Ctrl+Shift+S组合键，弹出"存储为"对话框，将其命名为"信纸"，保存为AI格式，单击"保存"按钮，将文件保存。

图10-178

图10-179 图10-180

10.1.13 信封

（1）按Ctrl+O组合键，打开本书学习资源中的"Ch10 > 制作速益达科技VI手册 > 模板B"文件，如图10-181所示。选择"文字"工具 T ，选取需要更改的文字，如图10-182所示，输入需要的文字，效果如图10-183所示。使用相同的方法更改其他文字，效果如图10-184所示。

图10-181 图10-182

图10-183

图10-184

（2）选择"文字"工具 T ，在适当的位置输入需要的文字，选择"选择"工具 ，在属性栏中选择合适的字体并设置文字大小，按Alt+↓组合键，适当调整文字行距。设置文字为淡黑色（其CMYK的值分别为0、0、0、80），填充文字，效果如图10-185所示。

图10-185

（3）选择"矩形"工具 ，在页面中单击鼠标左键，弹出"矩形"对话框，选项的设置如图10-186所示，单击"确定"按钮，得到一个矩形。选择"选择"工具 ，拖曳矩形到页面中适当的位置，在属性栏中将"描边粗细"选项设置为0.25pt，填充图形为白色，并设置描边色为灰色（其CMYK值分别为0、0、0、80），填充描边，效果如图10-187所示。

图10-186 图10-187

（4）选择"钢笔"工具 ，在页面中绘制一个不规则图形，如图10-188所示。选择"选择"工具 ，在属性栏中将"描边粗细"选项设置为0.25pt，填充图形为白色，并设置描边色为灰色（其CMYK值分别为0、0、0、50），填充描边，效果如图10-189所示。

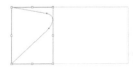

图10-188 图10-189

（5）保持图形的选取状态，双击"镜像"工具 ，弹出"镜像"对话框，选项的设置如图10-190所示，单击"复制"按钮，复制并镜像图形，效果如图10-191所示。

（6）选择"选择"工具 ，按住Shift键的同时，单击后方矩形将其同时选取，如图10-192所示，在"属性栏"中单击"水平右对齐"按钮 ，效果如图10-193所示。

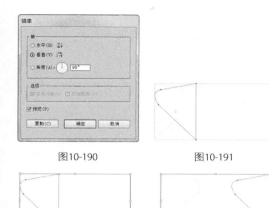

图10-190   图10-191

图10-192   图10-193

（7）选择"钢笔"工具，在页面中绘制一个不规则图形，在属性栏中将"描边粗细"选项设置为0.25pt，设置描边色为灰色（其CMYK值分别为0、0、0、50），填充描边，效果如图10-194所示。使用相同的方法再绘制一个不规则图形，设置图形填充色为蓝色（其CMYK值分别为100、50、0、0），填充图形，并设置描边色为无，效果如图10-195所示。

图10-194   图10-195

（8）按Ctrl+O组合键，打开本书学习资源中的"Ch10 > 制作速益达科技VI手册 > 企业标准色"文件，选择"选择"工具，选取需要的图形，如图10-196所示，按Ctrl+C组合键，复制图形。选择正在编辑的页面，按Ctrl+V组合键，将标志粘贴到页面中，然后将其拖曳到页面中适当的位置并调整大小，填充图形为白色，在属性栏中将"不透明度"选项设置为80%，按Enter键，取消选取状态，效果如图10-197所示。

（9）选择"选择"工具，选取需要的图形，如图10-198所示。按Ctrl+C组合键，复制图形，按Ctrl+F组合键，将复制的图形粘贴在前面，并将图形拖曳到适当的位置，效果如图10-199所示。

图10-196   图10-197

图10-198   图10-199

（10）选择"矩形"工具，在页面中单击鼠标左键，弹出"矩形"对话框，选项的设置如图10-200所示，单击"确定"按钮，得到一个矩形。选择"选择"工具，拖曳矩形到页面中适当的位置，在属性栏中将"描边粗细"选项设置为0.25pt，设置描边色为红色（其CMYK值分别为0、100、100、0），填充描边，效果如图10-201所示。

图10-200   图10-201

（11）选择"选择"工具，按住Alt+Shift组合键的同时，水平向右拖曳矩形到适当的位置，复制一个矩形，效果如图10-202所示。连续按Ctrl+D组合键，按需要再复制出多个矩形，效果如图10-203所示。

图10-202   图10-203

（12）选择"矩形"工具，按住Shift键的同时，在页面中适当的位置绘制一个正方形，在属性栏中将"描边粗细"选项设置为0.2pt，如图10-204所示。按住Alt+Shift组合键的同时，水平向右拖曳图形到适当的位置，复制一个正方形，如图10-205所示。

图10-204　　　　　　　图10-205

（13）选择"选择"工具▶，选取第一个正方形，如图10-206所示。选择"窗口＞描边"命令，弹出"描边"控制面板，勾选"虚线"选项，数值被激活，各选项的设置如图10-207所示，按Enter键，效果如图10-208所示。

（14）选择"选择"工具▶，选取第二个正方形，如图10-209所示。选择"剪刀"工具✂，在需要的节点上单击，选取不需要的直线，如图10-210所示，按Delete键将其删除，效果如图10-211所示。

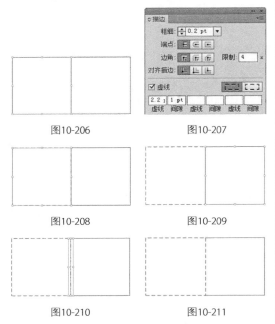

图10-206　　　　　　　图10-207

图10-208　　　　　　　图10-209

图10-210　　　　　　　图10-211

（15）选择"文字"工具T，输入需要的文字。选择"选择"工具▶，在属性栏中选择合适的字体并设置文字的大小，效果如图10-212所示。在"字符"控制面板中，将"设置所选字符的字距调整"选项Ⅷ设置为660，其他选项的设置如图

10-213所示，按Enter键，效果如图10-214所示。

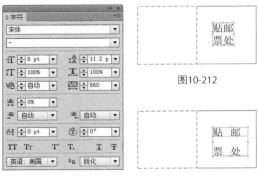

图10-212

图10-213　　　　　　　图10-214

（16）选择"企业标准色"页面。选择"选择"工具▶，选取并复制标志图形和标准字，将其粘贴到页面中，分别将标志和标志文字拖曳到适当的位置并调整大小，效果如图10-215所示。选取标准字，按住Alt键的同时，将标准字拖曳到适当的位置，复制文字并调整其大小，效果如图10-216所示。

图10-215　　　　　　　图10-216

（17）选择"直线段"工具╱，按住Shift键的同时，在适当的位置绘制一条直线，效果如图10-217所示。选择"选择"工具▶，按住Alt+Shift组合键的同时，垂直向下拖曳直线到适当的位置，复制一条直线，在属性栏中将"描边粗细"选项设置为0.25pt，效果如图10-218所示。

图10-217　　　　　　　图10-218

（18）选择"文字"工具T，在"属性栏"中单击"右对齐"按钮▤，输入需要的文字。选择"选择"工具▶，在属性栏中选择合适的字体并设置文字的大小，效果如图10-219所示。按Alt+↓组合键适当调整文字行距，效果如图10-220所示。

图10-219

图10-220

（19）选择"矩形"工具 ▣，在适当的位置绘制一个矩形，如图10-221所示。在"描边"控制面板中，勾选"虚线"选项，数值被激活，各选项的设置如图10-222所示，按Enter键，取消选取状态，效果如图10-223所示。

（20）选择"圆角矩形"工具 ▣，在页面中单击，弹出"圆角矩形"对话框，选项的设置如图10-224所示，单击"确定"按钮，得到一个圆角矩形。选择"选择"工具 ▶，将图形拖曳到适当的位置，在属性栏中将"描边粗细"选项设置为0.25pt，效果如图10-225所示。

图10-221

图10-222

图10-223

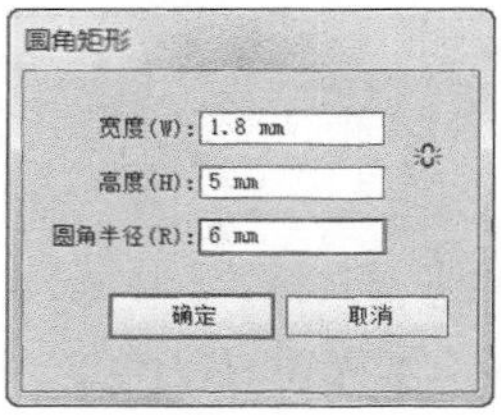

图10-224

（21）选择"矩形"工具 ▣，在适当的位

置绘制一个矩形，如图10-226所示。选择"选择"工具 ▶，按住Shift键的同时，单击圆角矩形，将其同时选取，在"路径查找器"控制面板中单击"减去顶层"按钮 ▣，如图10-227所示，生成新的对象，效果如图10-228所示。

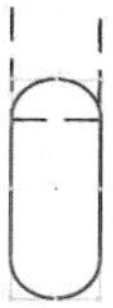

图10-225

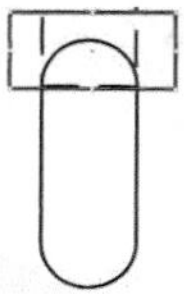

图10-226　　　图10-227 　　　图10-228

（22）选择"钢笔"工具 ✎，在相减图形的左侧绘制一个不规则图形，填充图形为黑色并设置描边色为无，效果如图10-229所示。选择"文字"工具 T，在"属性栏"中单击"左对齐"按钮 ▣，输入需要的文字。选择"选择"工具 ▶，在属性栏中选择合适的字体并设置文字的大小，效果如图10-230所示。

（23）双击"旋转"工具 ↻，弹出"旋转"对话框，选项的设置如图10-231所示，单击"确定"按钮，旋转文字，效果如图10-232所示。

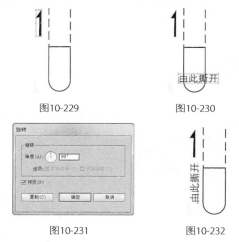

图10-229　　　图10-230

图10-231　　　图10-232

（24）选择"直线段"工具 ∕ 和"文字"工具 T，对图形进行标注，效果如图10-233所示。信封制作完成，效果如图10-234所示。按Ctrl+Shift+S组合键，弹出"存储为"对话框，将其命名为"信纸"，保存为AI格式，单击"保

存"按钮,将文件保存。

图10-233

图10-234

10.1.14　传真纸

（1）按Ctrl+O组合键,打开本书学习资源中的"Ch10 > 制作速益达科技VI手册 > 模板B"文件,如图10-235所示。选择"文字"工具 T,选取需要更改的文字,如图10-236所示,输入需要的文字,效果如图10-237所示。使用相同的方法更改其他文字,效果如图10-238所示。

图10-235　　　　　图10-236

图10-237

图10-238

（2）选择"文字"工具 T,在适当的位置输入需要的文字,选择"选择"工具 ,在属性栏中选择合适的字体并设置文字大小,按Alt+↓组合键适当调整文字行距。设置文字为淡黑色（其CMYK的值分别为0、0、0、80）,填充文字,效果如图10-239所示。

图10-239

（3）选择"矩形"工具 ,在页面中单击鼠标左键,弹出"矩形"对话框,选项的设置如图10-240所示,单击"确定"按钮,得到一个矩形。选择"选择"工具 ,拖曳矩形到页面中适当的位置,在属性栏中将"描边粗细"选项设置为0.25pt,填充图形为白色,效果如图10-241所示。

图10-240　　　　　图10-241

（4）按Ctrl+O组合键,打开本书学习资源中的"Ch10 > 制作速益达科技VI手册 > 企业标准色"文件,选择"选择"工具 ,选取并复制标志图形和标志文字,将其粘贴到页面中,分别将标志和标志文字拖曳到适当的位置并调整大小,效果如图10-242所示。

（5）选择"文字"工具 T,在页面中输入需要的文字,选择"选择"工具 ,在属性栏中选择合适的字体并设置文字的大小，效果如图10-243所示。

图10-242　　　　　　图10-243

（6）选择"文字"工具 T，在页面中分别输入需要的文字，选择"选择"工具 ，在属性栏中分别选择合适的字体并设置文字大小，效果如图10-244所示。将输入的文字同时选取，在"字符"控制面板中，将"设置行距"选项 设置为23pt，其他选项的设置如图10-245所示，按Enter键，效果如图10-246所示。

（7）选择"直线段"工具 ，按住Shift键的同时，在适当的位置绘制一条直线，在属性栏中将"描边粗细"选项设置为0.25pt，效果如图10-247所示。

图10-244

图10-245

图10-246　　　　　　图10-247

（8）选择"选择"工具 ，按住Alt+Shift组合键的同时，垂直向下拖曳直线到适当的位置，

复制一条直线，效果如图10-248所示。连续按Ctrl+D组合键，按需要再复制出多条直线，效果如图10-249所示。

图10-248　　　　　　图10-249

（9）选择"文字"工具 T，在页面中输入需要的文字，选择"选择"工具 ，在属性栏中选择合适的字体并设置文字大小，效果如图10-250所示。传真纸制作完成，效果如图10-251所示。按Ctrl+Shift+S组合键，弹出"存储为"对话框，将其命名为"传真纸"，保存为AI格式，单击"保存"按钮，将文件保存。

图10-250

图10-251

10.1.15　员工胸卡

（1）按Ctrl+O组合键，打开本书学习资源中的"Ch10 > 制作速益达科技VI手册 > 模板B"文件，如图10-252所示。选择"文字"工具 T，选取需要更改的文字，如图10-253所示，输入需要的文字，效果如图10-254所示。使用相同的方法

更改其他文字，效果如图10-255所示。

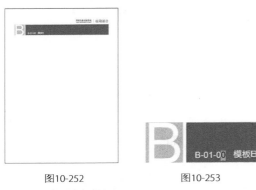

图10-252　　　　　　图10-253

图10-254　　　　　　图10-255

（2）选择"文字"工具 T，在适当的位置输入需要的文字，选择"选择"工具 ，在属性栏中选择合适的字体并设置文字大小，按Alt+↓组合键适当调整文字行距。设置文字为淡黑色（其CMYK的值分别为0、0、0、80），填充文字，效果如图10-256所示。

图10-256

（3）选择"圆角矩形"工具 ，在页面中单击，弹出"圆角矩形"对话框，设置如图10-257所示，单击"确定"按钮，得到一个圆角矩形，如图10-258所示。

图10-257　　　　　　图10-258

（4）按Ctrl+O组合键，打开本书学习资源中的"Ch10 > 制作速益达科技VI手册 > 企业标准色"文件，选择"选择"工具 ，选取标志图形，按Ctrl+C组合键，复制图形。选择正在编辑的页面，按Ctrl+V组合键，将其粘贴到页面中并拖曳到适当的位置，效果如图10-259所示。

（5）选择"矩形"工具 ，在适当的位置绘制一个矩形，设置图形填充色为灰色（其CMYK的值分别为0、0、0、10），填充图形，并设置描边色为无，效果如图10-260所示。

图10-259　　　　　　图10-260

（6）选择"选择"工具 ，按Ctrl+C组合键，复制图形，按Ctrl+F组合键，将复制的图形粘贴在前面，设置图形填充色为青色（其CMYK的值分别为100、0、0、0），填充图形。拖曳图形右侧中间的控制手柄，调整其大小，效果如图10-261所示。再复制一个矩形，设置图形填充色为深蓝色（其CMYK的值分别为100、70、0、0），填充图形，并调整其大小，效果如图10-262所示。

图10-261　　　　　　图10-262

（7）选择"矩形"工具 ，在适当的位置再绘制一个矩形，如图10-263所示。选择"窗口 > 描边"命令，弹出"描边"控制面板，勾选"虚线"选项，数值被激活，设置各选项的数值，如图10-264所示，图形效果如图10-265所示。

图10-263

图10-264　　　　　图10-265

（8）选择"直排文字"工具，输入所需要的文字，选择"选择"工具，在属性栏中选择合适的字体并设置文字大小，按Alt+→组合键适当调整文字字距，效果如图10-266所示。选择"直线段"工具，按住Shift键的同时，在适当的位置绘制出一条直线，如图10-267所示。

图10-266　　　　　图10-267

（9）选择"选择"工具，按住Alt+Shift组合键的同时，垂直向下拖曳鼠标到适当的位置，复制一条直线，连续按Ctrl+D组合键，复制出多条需要的直线，效果如图10-268所示。选择"文字"工具，分别在适当的位置输入所需要的文字，选择"选择"工具，在属性栏中选择合适的字体并设置文字大小，文字的效果如图10-269所示。

图10-268　　　　　图10-269

（10）选择"圆角矩形"工具，在页面中单击，弹出"圆角矩形"对话框，在对话框中进行设置，如图10-270所示，单击"确定"按钮，得到一个圆角矩形。将圆角矩形拖曳到适当的位置，如图10-271所示。

图10-270　　　　　图10-271

（11）选择"矩形"工具，在适当的位置绘制一个矩形，填充图形为白色，在属性栏中将"描边粗细"选项设置为0.5pt，按Enter键，效果如图10-272所示。选择"钢笔"工具，绘制一个图形，设置描边色为灰色（其CMYK的值分别为0、0、0、75），填充图形描边，效果如图10-273所示。

图10-272　　　　　图10-273

（12）双击"渐变"工具，弹出"渐变"控制面板，在色带上设置5个渐变滑块，将渐变滑块的位置分别设为0、68、75、97、100，并设置CMYK的值分别为0（0、0、0、0）、68（0、0、0、0）、75（0、0、0、83）、97（0、0、0、51）、100（0、0、0、51），选中渐变色带上方的渐变滑块，将其"位置"设置为13、35、71、50，其他选项的设置如图10-274所示，图形被填充渐变色，效果如图10-275所示。

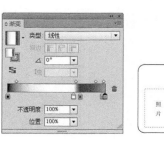

图10-274　　　　　图10-275

（13）选择"选择"工具 ▶，按Ctrl+C组合键，复制图形，按Ctrl+F组合键，将复制的图形粘贴在前面。填充图形描边为黑色，效果如图10-276所示。选择"渐变"控制面板，将"角度"选项设为180°，其他选项的设置如图10-277所示，图形被填充渐变色，效果如图10-278所示。

图10-276　　　　图10-277　　　　图10-278

（14）选择"直接选择"工具 ▶，按住Shift键的同时，选取上方两个节点，按一次向下方向键，适当调整节点的位置，效果如图10-279所示。选取左边的节点，拖曳控制手柄调整弧度，效果如图10-280所示。使用相同的方法调整右边的节点，效果如图10-281所示。

图10-279　　　　图10-280　　　　图10-281

（15）选择"椭圆"工具 ○，按住Shift键的同时，绘制一个圆形，如图10-282所示。选择"选择"工具 ▶，按Ctrl+C组合键，复制图形，按Ctrl+F组合键，将复制的图形粘贴在前面，按Shift+Alt组合键向内拖曳控制手柄，等比例缩小图形，如图10-283所示。

图10-282　　　　　　　　图10-283

（16）选择"选择"工具 ▶，按住Shift键，单击两个圆形，将其同时选取。选择"窗口 > 路径查找器"菜单命令，弹出"路径查找器"控制面板，单击"差集"按钮 ◻，如图10-284所示，生成新的对象，如图10-285所示。

图10-284　　　　　　　　图10-285

（17）双击"渐变"工具 ▣，弹出"渐变"控制面板，在色带上设置5个渐变滑块，将渐变滑块的位置分别设为0、69、80、96、100，并设置CMYK的值分别为0（0、0、0、100）、69（0、0、0、100）、80（0、0、0、0）、96（0、0、0、100）、100（0、0、0、100），选中渐变色带上方的渐变滑块，将其位置设置为50、61、54、50，其他选项的设置如图10-286所示，图形被填充渐变色，设置图形的笔触颜色为无，效果如图10-287所示。

图10-286　　　　　　　　图10-287

（18）选择"选择"工具 ▶，按住Shift键的同时，单击需要的图形，将其同时选取，如图10-288所示。按住Alt键的同时，向下拖曳图形到适当的位置，复制一组图形，效果如图10-289所示。

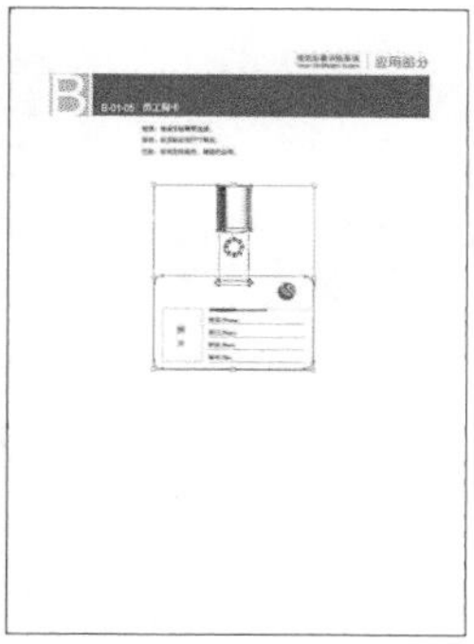

图10-288

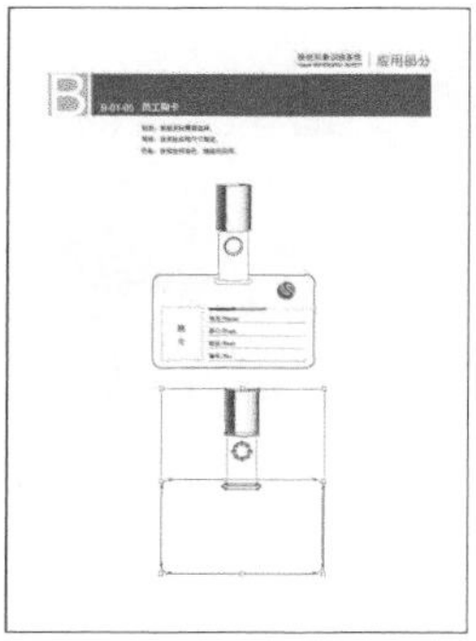

图10-289

（19）选择“企业标准色”页面，选择“选择”工具▶，选取并复制标志图形和标准字，将其粘贴到页面中适当的位置并调整大小，效果如图10-290所示。员工胸卡制作完成，效果如图10-291所示。按Ctrl+Shift+S组合键，弹出“存储为”对话框，将其命名为“员工胸卡”，保存为AI格式，单击“保存”按钮，将文件保存。

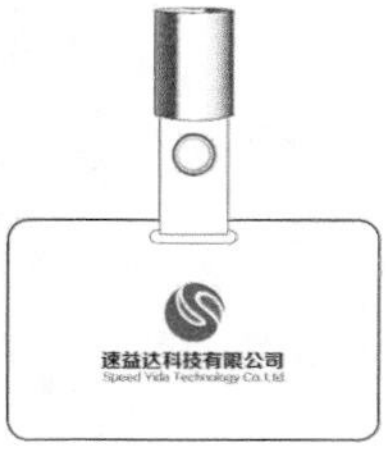

图10-290

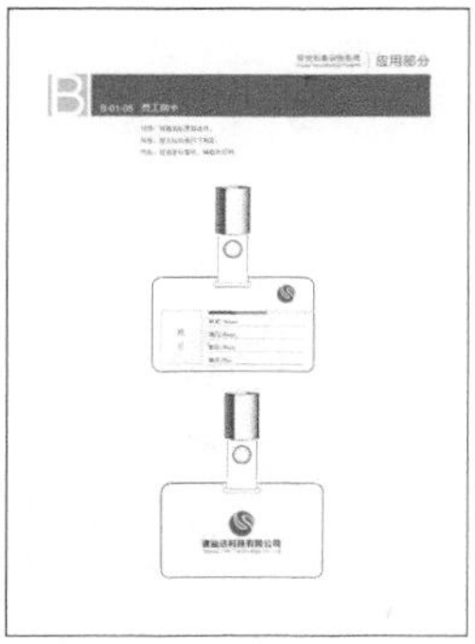

图10-291

10.1.16 文件夹

（1）按Ctrl+O组合键，打开本书学习资源中的“Ch10 > 制作速益达科技VI手册 > 模板B”文件，如图10-292所示。选择“文字”工具T，选取需要更改的文字，如图10-293所示，输入需要的文字，效果如图10-294所示。使用相同的方法更改其他文字，效果如图10-295所示。

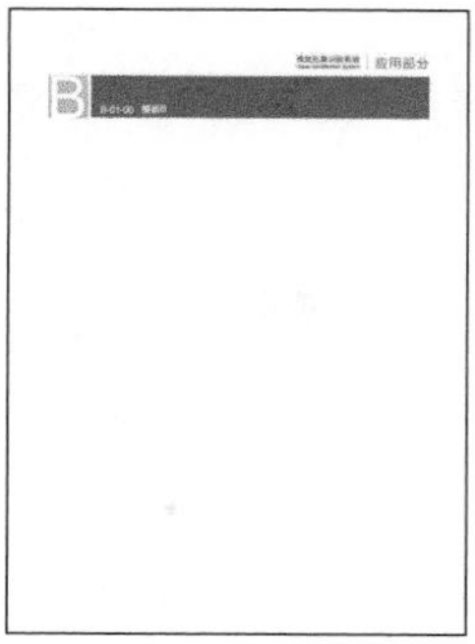

图10-292

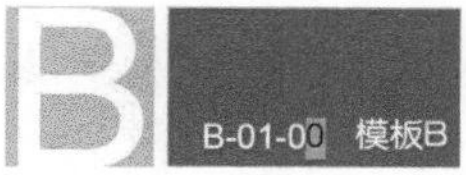

图10-293

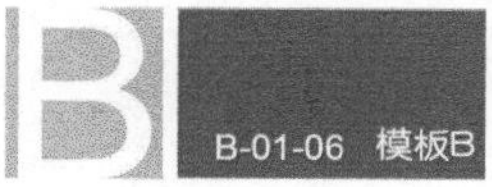

图10-294

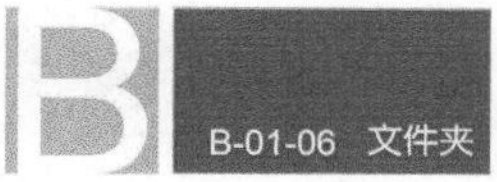

图10-295

（2）选择“文字”工具T，在适当的位置输入需要的文字，选择“选择”工具▶，在属性栏中选择合适的字体并设置文字大小，按Alt+↓组合键适当调整文字行距。设置文字为淡黑色（其CMYK的值分别为0、0、0、80），填充文字，效果如图10-296所示。

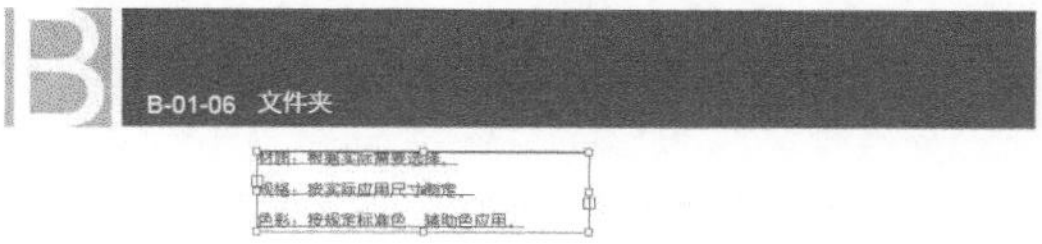

图10-296

（3）选择“矩形”工具▭，在页面中单击鼠标，弹出“矩形”对话框，在对话框中进行设置，如图10-297所示，单击“确定”按钮，得到一个矩形。填充图形为白色，并设置描边色为灰色（其CMYK的值分别为0、0、0、50），填充图形描边，如图10-298所示。

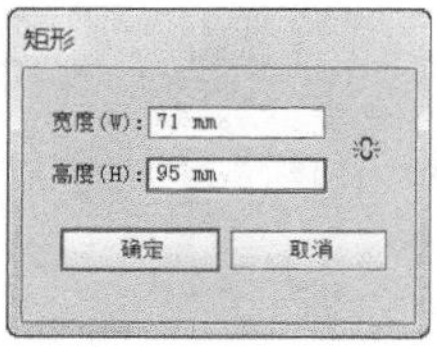

图10-297

图10-298

（4）选择"选择"工具▶，按Ctrl+C组合键，复制图形，按Ctrl+F组合键，将复制的图形粘贴在前面。选取复制图形上方中间的控制手柄，向下拖曳到适当的位置，效果如图10-299所示。设置填充色为青色（其CMYK的值分别为100、0、0、0），填充图形，效果如图10-300所示。

图10-299　　　　　图10-300

（5）选择"矩形"工具▢，再绘制一个矩形，填充图形为白色，并设置描边色为灰色（其CMYK的值分别为0、0、0、50），填充图形描边，效果如图10-301所示。

（6）选择"直线段"工具╱，按住Shift键的同时，在适当的位置绘制出一条直线，在属性栏中将"描边粗细"选项设置为3pt，设置描边色为淡灰色（其CMYK的值分别为0、0、0、30），填充直线描边，效果如图10-302所示。

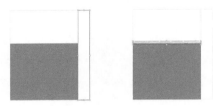

图10-301　　　　　图10-302

（7）选择"选择"工具▶，用圈选的方法将需要的图形同时选取，如图10-303所示。按住Alt键的同时，将图形拖曳到适当的位置，复制图形，如图10-304所示。选择"选择"工具▶，选取中间的矩形，如图10-305所示。

图10-303

图10-304

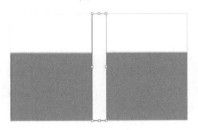

图10-305

（8）按Ctrl+C组合键，复制图形，按Ctrl+F组合键，将复制的图形粘贴在前面。选取复制的矩形上方中间的控制手柄，向下拖曳到适当的位置，如图10-306所示。设置填充色为青色（其CMYK的值分别为100、0、0、0），填充图形，效果如图10-307所示。

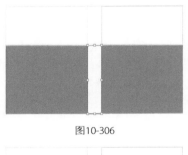

图10-306

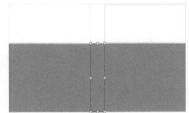

图10-307

（9）选择"矩形"工具▢，绘制一个矩形，在属性栏中将"描边粗细"选项设置为0.25pt，设置填充色为灰色（其CMYK的值分别为

0、0、0、30），填充图形，效果如图10-308所示。选择"选择"工具█，按Ctrl+C组合键，复制图形，按Ctrl+F组合键，将复制的图形粘贴在前面，调整其大小，填充图形为白色，设置描边色为无，如图10-309所示。

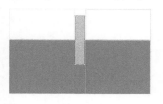

图10-308　　　　　　　图10-309

（10）选择"圆角矩形"工具█，在页面中单击，弹出"圆角矩形"对话框，在对话框中进行设置，如图10-310所示，单击"确定"按钮，得到一个圆角矩形。设置填充颜色为无，设置描边色为淡灰色（其CMYK的值分别为0、0、0、30），填充图形描边，如图10-311所示。

图10-310　　　　　　　图10-311

（11）选择"椭圆"工具█，按住Shift键的同时，绘制一个圆形，设置描边色为灰色（其CMYK的值分别为0、0、0、80），填充图形描边，如图10-312所示。选择"椭圆"工具█，按住Shift键的同时，再绘制一个圆形，填充圆形为白色，设置描边色为无，如图10-313所示。

图10-312　　　　　　　图10-313

（12）选择"选择"工具█，按Ctrl+C组合键，复制图形，按Ctrl+F组合键，将复制的图形粘

贴在前面。向右微调圆形的位置，设置填充色为无，并设置描边色为灰色（其CMYK的值分别为0、0、0、80），为图形填充描边，在属性栏中设置"描边粗细"选项为2pt，效果如图10-314所示。

（13）选择"选择"工具█，按Ctrl+C组合键，复制图形，按Ctrl+F组合键，将复制的图形粘贴在前面。设置描边色为白色，微调图形到适当的位置，效果如图10-315所示。

图10-314　　　　　　　图10-315

（14）选择"选择"工具█，再复制一个圆形，选择"对象 > 扩展"命令，弹出"扩展"对话框，如图10-316所示，单击"确定"按钮，图形被扩展。双击"渐变"工具█，弹出"渐变"控制面板，在色带上设置3个渐变滑块，将渐变滑块的位置分别设为0、57、100，并设置CMYK的值分别为0（0、0、0、0）、57（0、0、0、50）、100（0、0、0、30），选中渐变色带上方的渐变滑块，将其位置设置为50、50，其他选项的设置如图10-317所示，图形被填充渐变色，设置图形的笔触颜色为无，效果如图10-318所示。

图10-316

图10-317　　　　　　　图10-318

（15）按Ctrl+O组合键，打开本书学习资源中的"Ch10 > 制作速益达科技VI手册 > 标志设计"文件，选择"选择"工具▶，选取需要的图形，按Ctrl+C组合键，复制图形。选择正在编辑的页面，按Ctrl+V组合键，将其粘贴到页面中，分别拖曳图形到适当的位置并调整其大小，效果如图10-319所示。

图10-319

（16）选择"矩形"工具▢，在适当的位置绘制一个矩形，在属性栏中设置"描边粗细"选项为0.25pt，按Enter键，效果如图10-320所示。

图10-320

（17）选择"选择"工具▶，按Ctrl+C组合键，复制图形，按Ctrl+F组合键，将复制的图形粘贴在前面，按住Shift+Alt组合键的同时，向内等比例缩小图形到适当的位置，填充图形为白色，如图10-321所示。

（18）选择"选择"工具▶，按Ctrl+C组合键，复制图形，按Ctrl+F组合键，将复制的图形粘贴在前面。选取复制矩形下方中间的控制手柄，将其向上拖曳到适当的位置，设置填充色为蓝色（其CMYK的值分别为100、70、0、0），填充图形，设置描边色为无，效果如图10-322所示。

图10-321　　　　　　图10-322

（19）使用相同的方法再制作出一个矩形，设置填充色为灰色（其CMYK的值分别为0、0、0、30），填充图形，效果如图10-323所示。应用"文字"工具 T 和"直线段"工具 ⟋，制作出的效果如图10-324所示。

图10-323　　　　　　图10-324

（20）选择"圆角矩形"工具▢，绘制一个圆角矩形，设置填充色为无，设置描边色为灰色（其CMYK的值分别为0、0、0、50），填充图形描边，如图10-325所示。选择"选择"工具▶，按Ctrl+C组合键，复制图形，按Ctrl+F组合键，将复制的图形粘贴在前面，按Shift+Alt组合键，向内等比例缩小图形到适当的位置，填充图形为白色，如图10-326所示。

图10-325　　　　　　图10-326

（21）选择"圆角矩形"工具▢，再绘制一个圆角矩形。双击"渐变"工具▢，弹出"渐变"控制面板，在色带上设置3个渐变滑块，将渐变滑块的位置分别设为0、50、100，并设置CMYK的值分别为0（0、0、0、72）、50（0、0、0、0）、100（0、0、0、82），选中渐变色带上方的渐变滑块，将其位置设置为50、50，其他选项的设置如图10-327所示，图形被填充渐变色，设置图形的描边色为无，效果如图10-328所示。

图10-327　　　　　　　图10-328

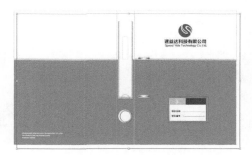

图10-331

（22）选择"选择"工具 ，按住Shift键，单击所需要的圆角矩形，将其选取，按住Alt键的同时，拖曳鼠标到适当的位置，复制图形，如图10-329所示。

（23）选择"文字"工具 ，输入所需要的文字，选择"选择"工具 ，在属性栏中选择合适的字体并设置文字大小，填充文字为白色，效果如图10-330所示。

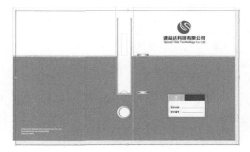

图10-332

图10-329　　　　　　　图10-330

（24）选择"选择"工具 ，选取背景白色矩形，按Ctrl+C组合键，复制图形，按Ctrl+B组合键，将复制的图形粘贴在后面，拖曳图形到适当的位置，效果如图10-331所示。设置图形填充色为淡灰色（其CMYK的值分别为0、0、0、10），填充图形，并设置描边色为无，效果如图10-332所示。

（25）选择"选择"工具 ，按住Shift键的同时，将需要的图形和文字同时选取，效果如图10-333所示。按住Alt键的同时，拖曳图形到适当的位置，复制图形，如图10-334所示。

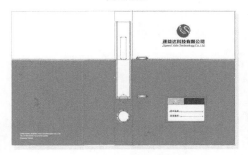

图10-333

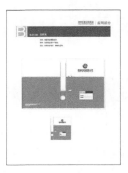

图10-334

（26）选择"选择"工具 ，使用圈选的方法选取需要的图形和文字，如图10-335所示。选择"倾斜"工具囝，按住Alt键的同时，在选中的图形左侧底部节点上单击，弹出"倾斜"对话框，选项的设置如图10-336所示，单击"确定"按钮，将图形进行倾斜，效果如图10-337所示。

图10-335　　　　　　　图10-336

（27）选择"选择"工具➤，使用圈选的方法选取需要的图形，如图10-338所示。选择"倾斜"工具囝，按住Alt键的同时，在选中的图形右侧底部节点上单击，弹出"倾斜"对话框，选项的设置如图10-339所示，单击"确定"按钮，将图形进行倾斜，效果如图10-340所示。

图10-337　　　　　　　图10-338

图10-339　　　　　　　图10-340

（28）选择"矩形"工具▢，沿着左侧边缘绘制一个矩形，在属性栏中将"描边粗细"选项设置为0.25pt，设置填充色为灰色（其CMYK的值分别为0、0、0、40），填充图形，效果如图10-341所示。

图10-341

（29）选择"直接选择"工具▷，按住Shift键的同时，依次单击选取需要的节点，按向上方向键，微调节点到适当的位置，效果如图10-342所示。

（30）按Ctrl+Shift+[组合键，将图形置于底层，在页面空白处单击，取消图形的选取状态，效果如图10-343所示。文件夹制作完成。

图10-342　　　　　　　图10-343

（31）按Ctrl+Shift+S组合键，弹出"存储为"对话框，将其命名为"文件夹"，保存为AI格式，单击"保存"按钮，将文件保存。

10.2　课后习题——制作盛发游戏VI手册

　　【习题知识要点】在Illustrator中，使用联集命令将图形相加，使用缩放工具、旋转工具调整图形的大小和角度，使用直接选择工具为图形调节节点，使用直线段工具、文字工具、填充工具制作VI手册模板；使用矩形网格工具绘制需要的网格，使用直线段工具和文字工具对图形进行标注，使用绘图工具和镜像命令制作信封效果，使用描边控制面板制作虚线效果。盛发游戏VI手册效果如图10-344所示。

　　【效果所在位置】Ch10/制作盛发游戏VI手册/标志设计.ai、模板A.ai、模板B.ai、标志制图.ai、标志组合规范.ai、标志墨稿与反白应用规范.ai、标准色.ai、公司名片.ai、信纸.ai、信封.ai、传真.ai。

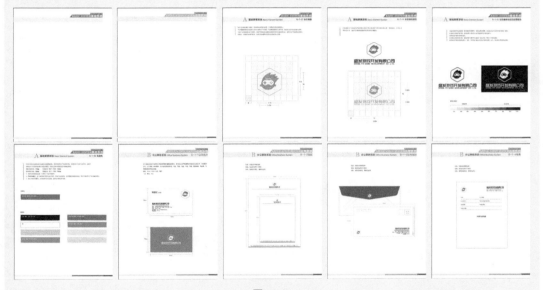

图10-344